Female Empowerment - Women in Tech

SABRINA VON NESSEN
SANDRINE DE VRIES

Female Empowerment - Women in Tech

Frauen helfen Frauen mit Tipps zu Karriere, Mindset & Führung für mehr Gleichberechtigung in Tech-Berufen

Copyright © 2020 Sabrina von Nessen, Sandrine de Vries.
Alle Rechte vorbehalten.
ISBN: 9798652358761

Sichtbarkeit und Empowerment: ein Vorwort von Tijen Onaran, Speakerin & Gründerin @ Global Digital Women

Tijen Onaran, Speakerin & Gründerin, Global Digital Women;
Bildrechte: Urban Zintel

Die Digitalisierung ist eine Demokratisierungsmaschine. Denn die digitalen Tools und Plattformen stellen Chancengleichheit her – sie stehen allen Menschen gleichermaßen offen. Jede*r kann es schaffen. Doch schon ein Blick in die Statistiken genügt, um zu sehen, dass Diversity und Gender Equality im Zeitalter der Digitalisierung keineswegs zur Selbstverständlichkeit geworden sind. Allein aus diesem Grund müssen die Chancen, die sich beispielsweise Frauen im Bereich Digitalisierung bieten, viel stärker genutzt werden. Die zentrale Funktion von Vorbildern, Netzwerken und gegenseitigem Empowerment kann dabei gar nicht überschätzt werden.

Das Vorurteil, dass es insbesondere in den technischen Berufen kaum weibliche Role-Models gibt, an denen man sich orientieren könnte, ist weit verbreitet. Aber sind diese wirklich so selten? **‚Women in Tech' ist der beste Beweis dafür, dass es inspirierende Vorbilder längst gibt**. Gleichzeitig geht dieses Buch die größte Herausforderung an, die Frauen mit technischen Berufen und im Bereich Digitalisierung insgesamt haben: ihre Sichtbarkeit. Insbesondere im Tech-Umfeld ist das ‚All-Male Panel' beziehungsweise ‚Manel' der manifeste Ausdruck für das hier vorherrschende unausgewogene

Repräsentationsverhältnis. Die gute Nachricht dabei ist: Es war noch nie so leicht, sich um die eigene Sichtbarkeit zu kümmern.

Dabei muss es nicht immer gleich die große Bühne sein. Sichtbarkeit ist insbesondere auch im Alltag wichtig. Angefangen beim Intranet im Unternehmen, Social Media, Mentoring-Programmen oder bei der Besetzung von neuen Stellen und Beförderungen bis hin zu Veranstaltungen – es gibt zahlreiche Plattformen und Gelegenheiten, bei denen es wichtig ist, sichtbar zu werden.

Dies gelingt selbstverständlich nur, wenn man dabei nichts dem Zufall überlässt. Denn der olympische Gedanke reicht hier bei weitem nicht aus. Beim Thema Sichtbarkeit ist dabei sein nicht alles. Vielmehr geht es darum, sich selbst als Marke beziehungsweise als Personal Brand zu verstehen. Dafür braucht es mehr als eine Berufsbezeichnung, die Aufzählung der letzten Arbeitgeber*innen und den Ausschnitt aus einem Foto vom letzten Sommerurlaub. Um sichtbar zu werden, muss man für ein Thema stehen, eine eigene Haltung entwickeln, eine Position vertreten und nicht zuletzt die eigene Geschichte erzählen.

Sichtbarkeit ist jedoch nicht gleichbedeutend mit einer reinen Selfie-Show. Weder sollte es um Selbstbeweihräucherung noch um Perfektion gehen. Vielmehr geht es darum, Themen zu setzen, die eigene Agenda zu bestimmen und auch darum, Herausforderungen und Schwierigkeiten sichtbar zu machen. Die eigene Positionierung dient also nicht dem Selbstzweck. Sichtbarkeit verfolgt vielmehr das Ziel, sich zu vernetzen, ein Netzwerk mit Talenten aufzubauen, andere mit der eigenen Geschichte zu inspirieren und zu motivieren und sich gegenseitig zu unterstützen und zu empowern.

Sichtbarkeit und Empowerment sind die beiden Schlüsselfaktoren für den Erfolg von Frauen in technischen Berufen. Sie bilden das Fundament, um anderen Mut zu machen und um ihnen ein Vorbild zu werden. Denn: Nur wer sichtbar ist, findet auch statt. Und kaum etwas ist inspirierender als Erfolgsgeschichten, die bezeugen, dass man mit der Leidenschaft für das eigene Thema alles schaffen kann. Die spannenden Lebensgeschichten in diesem Buch bieten nicht nur 25 einzigartige Perspektiven auf die Vielfalt in der digitalen Arbeitswelt, sondern auch ganz persönliche Einblicke in die Gedanken- und Gefühlswelt, die diesem wichtigen Thema ein Gesicht verleihen. **Dieses Buch macht Mut und zeigt Mut** – danke dafür!

Über Tijen Onaran: Tijen Onaran ist Moderatorin, Speakerin und Gründerin von Global Digital Women, einem internationalen Unternehmen von Gestalterinnen der Digitalbranche mit dem Ziel für mehr Sichtbarkeit,

Empowerment sowie Beratung in Diversitätsfragen. Sie interviewt wöchentlich Persönlichkeiten aus Wirtschaft und Gesellschaft für den Podcast ‚How to Hack' von Businesspunk. Sie ist die Expertin in den Themen Netzwerken und Personal Branding. Laut dem Manager Magazin gehört sie 2020 zu den Top 100 der einflussreichsten Frauen der deutschen Wirtschaft, hat den ‚Made in Baden Award' als herausragende Persönlichkeit verliehen bekommen und wurde exklusiv zum LinkedIn Influencer ausgewählt. Damit gehört sie zu einem kleinen Kreis von weltweit 500 führenden Expert*innen und Denker*innen. Vor ihrer Selbstständigkeit war Tijen für Europa- und Bundestagsabgeordnete, für das Bundespräsidialamt sowie für Verbände und eine Hochschule in leitenden Funktionen tätig.

Ziel des Buches

Technologie gestaltet und prägt unsere Zukunft. Aus persönlichen Gesprächen wissen wir: Frauen interessieren sich für eine Karriere in der IT. Gleichzeitig ist der Frauenanteil im Studium und in MINT-Berufen gering. Viel zu gering, um wesentlich Einfluss zu nehmen! Wir haben uns gefragt: Was hält Frauen davon ab, die Stimme zu erheben und Gleichberechtigung nicht nur einzufordern, sondern zu leben? Unsere Erkenntnis nach vielen Gesprächen mit inspirierenden Frauen: **Wir suchen nach Role Models**. Nach dem Beweis, dass Frauen in technologischen Berufen erfolgreich sein können.

Du wirst in diesem Buch Einblick erhalten in die Lebensgeschichten und den Werdegang erfolgreicher Frauen in unterschiedlichen Phasen ihrer Karriere. Unsere Interviewpartner gaben ehrliche und authentische Einblicke in die Ups & Downs ihrer Karriere und Lebensentwürfe. Mit dem selbstlosen Engagement aller Mitwirkenden haben wir bewiesen: **ein zentraler Punkt sind Netzwerke**. Doch, wo finde ich diese und wie bewege ich mich darin gekonnt, wie werde ich sichtbar?

Hierzu geben die Interviewpartner **Insights und Empfehlungen**, **die du sofort umsetzen kannst.** Und gleichzeitig gilt es, Mut und Entschlossenheit zu entwickeln, um sich von den Irrungen und Wirrungen einer Karriere im MINT-Beruf nicht abschrecken zu lassen. Die Gestalter dieses Buchs waren sich einig: **Wachstum entsteht in uns selbst**. Wenn wir erlernte Glaubenssätze sprengen, kann Großartiges entstehen.

Interessierst auch du dich für eine Karriere in einem Tech-Beruf, bist aber verunsichert über die nerdigen Vorurteile? Bist du bereits in einem technologischen Beruf tätig und planst den weiteren Ausbau deiner Karriere? Möchtest du die Geheimnisse erfolgreicher Frauen übertragen auf deine persönliche Entwicklung? Und dabei lernen, wie du sichtbar wirst, mentale Hürden überwindest und den Mut entwickelst, dein Leben und deine Karriere aktiv zu gestalten?

Dann findest du in diesem Buch **vielfältige, persönliche Tipps von Expertinnen**, die den Weg bereits gegangen sind und von ihren Erfahrungen berichten. So transparent, dass du deren Geschichten miterleben und deren Lebenslauf nachvollziehen kannst. Wir wünschen allen Lesern, dass sie den Beruf ergreifen, der sie mit Leidenschaft verbindet und stehen mit Freude für einen Austausch und Feedback zur Verfügung. So kannst du den Weg, den du mit diesem Buch begonnen hast, weitergehen.

Sabrina: Ich bin davon überzeugt: New Work braucht emotionale Führung. Denn Menschlichkeit ist die Zukunft der Digitalisierung. Ich stehe für einen Austausch rund um (Self-) Leadership und die Entwicklung der eigenen emotionalen Stärke gerne zur Verfügung, nutzt dafür die Möglichkeit des kostenlosen Strategiegespräches! Mein Newsletter bietet ergänzende und vertiefende Inspiration. Ihr erreicht mich unter:

Linksammlung mit Interviews, Podcasts, allen sozialen Medien etc.:
https://linktr.ee/sabrinavonnessen
LinkedIn: www.linkedin.com/in/sabrina-von-nessen-b6020175
Instagram: https://www.instagram.com/sabrinavonnessen/

Sandrine: Female Empowerment hat für mich schon durch meine familiäre Prägung einen hohen Stellenwert. Ich freue mich über Austausch, Feedback und Anregungen. Als Personalberaterin stehe ich ebenso für alle Fragen rund um Karrieremöglichkeiten und den Bewerbungsprozess zur Verfügung. Du erreichst mich am besten unter:

E-Mail: sandrine.womenintech@gmail.com
LinkedIn: https://www.linkedin.com/in/sandrine-devries/

Und nun wünschen wir Inspiration und Freude beim Lesen!

Sandrine de Vries & Sabrina von Nessen

Inhalt

Menschlichkeit ist die Zukunft der Digitalisierung: Sabrina von Nessen, Vorstand @ afb Application Services

Sabrina von Nessen, Mitglied des Vorstands, afb Application Services AG; Bildrechte: Christina Pörsch

Kontakt:
Linksammlung mit Interviews, Podcasts, allen sozialen Medien etc.: https://linktr.ee/sabrinavonnessen
LinkedIn: www.linkedin.com/in/sabrina-von-nessen-b6020175
Instagram: https://www.instagram.com/sabrinavonnessen/

Ich empfinde Technologie als große Bereicherung, sowohl im Alltag als auch im Business. Aufgewachsen bin ich einer analogen Welt, in der ich Stunden vor dem Festnetz-Telefon einen Anruf erwartete, mit Walkman, Bandsalat und Kabelbruch kämpfte und Rundschreiben via Haus- und Rohrpost las. In meiner Kindheit wurde meine Familie regelmäßig für die meistentliehene Bücheranzahl von der lokalen Stadtbibliothek ausgezeichnet. Daher bin ich noch immer und immer wieder begeistert, wie einfach heute der Zugang zu Wissen und Bildung ist. **Wir alle haben gleichberechtigt Zugang zu Millionen von Online-Kursen, Plattformen und Büchern**. Podcasts, Audible-Bücher, Kurse von amerikanischen Universitäten und Udemy sind seit 20 Jahren meine täglichen Wegbegleiter. Auf diese Weise stille ich meine immerwährende Neugier und investiere in mich selbst. Paradox ist, dass jüngere Generationen diese Chancen kaum nutzen, sei es wegen des Überangebots oder wegen fehlender Orientierung im Dschungel der Möglichkeiten.

Auch im Unternehmertum bietet die Digitalisierung fantastische Chancen, selbst wenn Deutschland im internationalen Vergleich Nachholbedarf hat. Meine ersten Schritte als Entrepreneur, damals war ich Mitte 20, waren begleitet von Unmengen Papier und Behördenkommunikation. Beruflich möchte ich die Möglichkeiten, die uns Tools zur Video-Kommunikation, Organisation und Planung bieten, nicht missen. Und auch dieses Buch verdanken wir der digitalen Vielfalt des Self-Publishing.

Dass mich mein beruflicher Weg in die IT geführt hat, beruht einerseits auf Interesse, ist aber auch dem König Zufall zu verdanken. Ich studierte ursprünglich BWL und startete meine Karriere Anfang 20 im Produktmanagement einer Leasinggesellschaft. Dieses Gebiet ist naturgemäß sehr vielfältig: von Recht und Steuern über Marketing, Einkauf, Risikomanagement bis hin zu IT. Und so ergab es sich, dass ich mich in den ersten Jahren mit Anforderungs-, Projekt- und Test-Management beschäftigte; später dann mit IT- und Change-Projekten, Portfolio- und Prozessmanagement. Ausgefeilte Task- und Projekt-Management Systeme und agile Methoden waren noch nicht etabliert. Im Rückblick waren es sehr romantische Zeiten, die mich die IT lieben lehrten. Ich kann noch immer nicht programmieren, habe mir aber im Laufe der Jahre ein gutes Grundverständnis der wesentlichen IT-Konzepte und -Prozesse angeeignet. Und bin noch immer begeistert davon, wenn innovative Applikationen entstehen.

Nach einigen Jahren als Head of Product Management, erhielt ich das wunderbare Angebot, als Head of IT & Operations eine in Deutschland neu gegründete Ökobank mit aufzubauen. Auch wenn sich rückblickend so manches verklärt, waren das einige der glücklichsten Jahre meines Lebens. **Mir wurde volles Vertrauen entgegengebracht, dass ich als Frau und BWLer in der Lage bin, die Prozesse, Applikationen und Infrastruktur einer Bank zu verantworten. Dass Werte wie Verantwortung, Freiheit und Menschlichkeit eine zentrale Rolle im Leben spielen dürfen und sich Zusammenarbeit auch ohne Ellbogen gestalten lässt.** Nur der Liebe wegen habe ich dieses Umfeld verlassen und bin in den Süden Deutschlands gezogen. Das Unternehmen, in dem ich heute als Vorstand tätig bin, bietet als Innovations- und Transformationspartner modulare Softwarelösungen und lösungsorientierte Beratungsleistungen für namhafte Finanz- und Servicedienstleister, Handel und Hersteller.

Tatsächlich habe ich selbst es nie als außergewöhnlich erachtet, dass ich als Frau in diesem Umfeld tätig bin. Von Beginn meiner Karriere an habe ich überwiegend mit Männern gearbeitet und schätze deren Direktheit und Ergebnisorientierung. Da ich im männlichen Umfeld sozialisiert wurde, kam es für mich eher überraschend, dass mich im Laufe meiner Führungskarriere immer öfter Frauen auf diese Gegebenheit ansprachen. Das machte mich hellhörig und weitete meinen Blick dafür, dass Frauen tatsächlich noch immer benachteiligt sind – leider in vielen Umfeldern und Positionen. **Da ich davon überzeugt bin, dass Diversity für alle Beteiligten nur Vorteile bringt, erhebe ich seither meine Stimme**. Sei es nun als Speaker, Mentor oder Autor. Um aufzuzeigen, dass wir alle gut genug sind, dass wir einzigartige Fähigkeiten besitzen. Und dass wir uns nicht von anderen Menschen einschränken lassen sollten, denn die Grenzen setzten nur wir selbst. Es darf heute nicht mehr so sein, dass wir uns aufgrund von Vorurteilen oder Stereotypen davon abhalten lassen, unsere Traumkarriere zu verfolgen.

High Performance und damit Erfolg beginnen im Kopf des Einzelnen, dessen Emotionen und Glaubenssätzen. Daher habe ich meine tiefgründige Leidenschaft für Emotional Leadership in gleicher Weise kultiviert wie meine Begeisterung für Technologie. Mein größtes Learning in 15 Jahren als Führungskraft, Speaker und Mentor: **It all starts with ‚why'. Wenn Menschen erlernte Grenzen sprengen, entsteht Großartiges**. In einer Welt, die von permanenter Veränderung geprägt ist, dürfen wir als Menschen eine zentrale Rolle spielen. Wir dürfen wieder lernen, unsere Persönlichkeit, Werte und Prinzipien kennenzulernen und uns auf einer tieferen Ebene zu verbinden. Die kommenden Jahre werden von exponentiellem Wachstum geprägt sein, vor allem bedingt durch die technologischen Möglichkeiten. Diese Technologiesprünge dürfen und müssen begleitet sein von neugierigen, starken, mutigen Frauen, die die Zukunft mit ihren (emotionalen) Fähigkeiten und Stärken gestalten. Persönliches mentales und emotionales Wachstum entsteht indes immer außerhalb der Komfortzone und schmerzt in der Regel. Netzwerke und Mentoren können uns auf dem Weg begleiten, um für die Zukunft gerüstet zu sein.

Auch die Entstehung dieses Buches war geprägt von Gesprächen mit inspirierenden Persönlichkeiten, die authentisch und ehrlich Einblicke in ihre Lebensgeschichte gaben. Ich wünsche mir von Herzen, dass die Leser Tipps für die Karriere- und Lebensplanung mitnehmen und umsetzen. Denn es liegt nicht in meiner Natur, permanent zu jammern. Ich suche stattdessen lieber die Chancen, die sich uns bieten. So ist der initiale Gedanke entstanden, technologie-interessierten und -begeisterten Frauen aufzuzeigen, dass unzählige

Frauen diesen Weg vor uns bereits gegangen sind. **Dass Role Models in unserer Mitte existieren, dass sie nahbar sind und wir von ihnen lernen können**. Weil Frauen große Kraft aus ihren Netzwerken ziehen und den Zusammenhalt der Gemeinschaft brauchen, soll das Buch Mut machen. Und als ich Sandrine auf einer Netzwerk-Veranstaltung zum Thema ‚Women in Tech' begegnete, habe ich sie gefragt, ob sie Spaß am Buchprojekt hätte. Einfach so, ohne große Pläne. **Manchmal ist es besser, den ersten Schritt zu gehen, als jahrelang zu konzipieren**. Schlimmstenfalls hätten wir viel Zeit und Mühe investiert und eine Menge gelernt. Umso mehr freue ich mich, dass das Projekt das Licht der Welt erblicken darf. Ich wünsche allen Lesern Inspiration und Mut, den eigenen Weg zu denken und zu gehen. Sei es nun in der IT, in einem anderen technischen Gebiet oder worin auch immer. Unsere Möglichkeiten sind vielfältig und bunt und wir sollten sie nutzen. Wege entstehen beim Gehen und wer nicht wagt, der nicht gewinnt. Alte Weisheiten haben einen wahren Kern.

Wenn dir das Buch gefallen hat, freue ich mich sehr über dein Feedback, eine Bewertung und/oder eine Referenz per E-Mail. Bei Fragen rund um Karriereplanung, Entwicklung der eigenen Stärken und emotionale Führung stehe ich gerne zur Verfügung. Meine Social Media Accounts und Kontaktdaten findest du unter: https://linktr.ee/sabrinavonnessen. **Willst du die Reise, die du mit dem Buch begonnen hast, vertiefen und intensivieren**? Dann trage dich in meinen **Newsletter** ein, um Einblicke in meine Gedankenwelt und Inspiration für deine Karriere zu erhalten. Oder vereinbare ein **kostenloses Strategiegespräch**, in dem wir gemeinsam deine Vision für eine erfolgreiche Karriere und den passenden Lifestyle definieren. Wir decken die Glaubenssätze auf, die dich bis dato davon abhalten und geben deiner Motivation einen Schub. Wir klären, ob und wie ich dich auf deiner Reise unterstützen kann. Melde dich an, ehe es in der Hektik des Alltags untergeht. Ich freue mich auf unser Gespräch.

„In the future, there will be no female leaders. There will just be leaders."

Sheryl Sandberg (COO von Facebook)

Die Entscheidung, sich selbst zu verwirklichen, liegt bei jedem selbst: Sandrine de Vries, Senior Recruitment Consultant @ Austin Fraser

Sandrine de Vries, Senior Recruitment Consultant, Austin Fraser GmbH

Kontakt:
E-Mail: sandrine.womenintech@gmail.com
LinkedIn: https://www.linkedin.com/in/sandrine-devries/

Nach dem Abschluss meines Studiums im Jahr 2017 habe ich mich für eine Stelle als Personalberaterin in München entschieden, weil es mir wichtig war, weiterhin den direkten Kontakt zu Menschen zu haben und leistungsgerecht bezahlt zu werden. Seither vermittle ich freiberufliche C#-Entwickler bei Austin Fraser, einer internationalen Personalberatung mit IT-Spezialisierung.

Das war eine meiner ersten Berührungen mit dem IT-Bereich. Seitdem ich weiß, wie vielseitig und herausfordernd IT ist, fasziniert mich das Thema noch mehr. IT ist unsere Zukunft und ich ärgere mich, dass ich nicht schon früher begonnen habe, mich dafür zu interessieren. Heutzutage spielt Technologie eine große Rolle in meinem Leben, angefangen bei der alltäglichen Nutzung von Handy, Laptop und Smart-Home-Geräten bis hin zu meinem beruflichen Dasein als Personalberaterin. Gerade in der heutigen Zeit, in der Home-Office zur Normalität geworden ist, ist Technologie wichtiger denn je. Ich bin darauf angewiesen, nicht nur die neuesten Trends im IT-Markt zu kennen, sondern auch damit umgehen zu können. Als Personalberaterin spreche ich täglich mit ITlern und mir ist schnell aufgefallen, wie wenige Frauen es im IT-Bereich gibt. Unabhängig davon, ob ich mit Managern oder mit freiberuflichen Entwicklern spreche.

Oftmals würden Kunden sogar weibliche Entwickler bevorzugen, doch Entwicklerinnen sind kaum verfügbar. Es gibt viele Möglichkeiten und Berufe in der IT, die nicht unbedingt etwas mit Programmierung und Entwicklung zu tun haben, sondern eine Schnittstelle zwischen verschiedenen Bereichen darstellen. Und dann gibt es Themen, die noch gar nicht final erschlossen sind, wie zum Beispiel Big Data oder AI. Selbstverständlich gibt es bereits Experten für diese Themengebiete, jedoch werden diese sich zukünftig noch sehr viel weiterentwickeln und genau dafür brauchen wir noch mehr Talente. **Die Zukunft im IT-Bereich ist vielfältig!**

Vor einiger Zeit sprach ich mit einer Linux-Administratorin. Als eine der wenigen Frauen im IT-Bereich fühlt sie sich oftmals unter Druck gesetzt, noch mehr Leistung zu erbringen und hat selten die Möglichkeit, sich mit anderen Frauen darüber auszutauschen. Mir wurde bewusst, dass ich in meinem Beruf die Möglichkeit habe, mehr Awareness für diese Thematik zu schaffen. 2019 habe ich eine Serie von Meet-Ups für IT-interessierte Frauen ins Leben gerufen, die ein Netzwerk zum Austausch mit anderen Frauen suchen oder nicht wissen, wie die ersten Schritte hin zu einer Karriere in der IT gestaltet werden könnten. Es war eine große Freude für mich, so viele IT-begeisterte Frauen zu sehen, die ohne Berührungsängste Fragen stellen und Businesskontakte knüpfen. Oftmals braucht es nur eine geschützte Umgebung.

So konnte zum Beispiel meine Kollegin einer Frau, die seit Monaten auf der Suche nach einer neuen Java-Position war und nicht ausreichend Praxiserfahrung in diesem Bereich hatte, einen neuen Job vermitteln, in dem sie gleichzeitig genügend Zeit hat für ihre Kinder. Das war genau das, was ich mit den Meet-Ups erreichen wollte. Die Speakerin meines zweiten ‚Women in Tech' Meet-Ups war Sabrina von Nessen. Wir trafen uns vor dem Event einige Male und bei einem dieser Treffen fragte sie mich ganz direkt, ob ich mit ihr gemeinsam ein Buch schreiben möchte. Erst dann realisierte ich, dass die Meet-Ups tatsächlich eine gewisse Reichweite haben und meine Arbeit einen Einfluss haben könnte.

Wir haben über ein Jahr lang an dem Buch gearbeitet und Entwicklerinnen, Ingenieurinnen, Gründerinnen, CTOs und selbstständige Beraterinnen interviewt; es sind alle Rollen und Branchen vertreten. Jedes Interview war einzigartig und hat meinen Horizont erweitert, so dass ich mich selbst weiterentwickeln konnte. **Meine Hoffnung ist es, dass junge Menschen in den Interviewpartnerinnen Role Models sehen und sich mit ihnen identifizieren können.** Denn Technologie ist facettenreich und birgt so viele Chancen. Es wäre toll, wenn wir mehr junge Frauen begeistern können, diese Chancen wahrzunehmen.

Um zu verdeutlichen welchen Stellenwert das Thema Women in Tech hat, stell dir mal folgendes vor: Wenn nur ein Bruchteil der Menschheit lesen und schreiben könnte, hätten wir dadurch unzählige Innovationen verpasst! Mittlerweile besteht unsere ganze Welt aus Code, aber nur ein Bruchteil kann diesen lesen und schreiben. Was wäre wohl möglich, wenn die Mehrheit der Menschen Code lesen und schreiben könnte? 2019 lebten etwa 3,82 Milliarden Frauen auf der Welt, ein Großteil dieser Frauen können ihre Gedanken und Ideen nicht umsetzen oder überhaupt ausklügeln, weil ihnen das Wissen fehlt. **Wissen ist Macht. Wer sich nicht bildet, verpasst großartige Chancen und kann sich nicht weiterentwickeln.**

Mein Rat ist, sich kontinuierlich weiterzubilden und jede Möglichkeit diesbezüglich wahrzunehmen. Kleine Schritte reichen schon aus, zum Beispiel indem man 15 Minuten pro Tag eine neue Sprache erlernt, einen Basic Programmierkurs online besucht oder das persönliche Netzwerk erweitert. Heutzutage gibt es keine Ausreden mehr, Bildung ist für jeden mit Internetanbindung in greifbarer Nähe. **Die Entscheidung, sich selbst zu verwirklichen, liegt bei jedem selbst, man muss jedoch den Mut haben, den ersten Schritt zu wagen und seine Komfortzone zu verlassen.** Ich wünsche mir, dass gerade junge Frauen sich keine Limits setzen und sich trauen, Pfade zu gehen, die nicht vorgezeichnet sind. Hoffentlich trägt dieses Buch dazu bei, Mut zu machen und Zweifel zu beseitigen.

Female Empowerment hat eine wesentliche Bedeutung für mich, da die Frauen in meiner Familie es mir schon seit meiner Kindheit vorgelebt haben, gerade meine Großmütter hatten einen großen Einfluss auf mich. Sie sind beide eigenständige und bewundernswerte Frauen, die Hürden bezwungen haben, ohne sich zu beklagen; die für die Familie vieles geopfert haben und mich, meine Geschwister und meine Eltern immer unterstützen. Nicht jeder hat das Glück, in so einer Familie aufwachsen zu dürfen. Genau deswegen ist das Thema Female Empowerment für mich mit diesem Buch noch lange nicht abgeschlossen, auch zukünftig möchte ich mich für Frauen einsetzen. **Es gibt noch so viele andere Bereiche, in denen Frauen noch immer nicht gleichgestellt sind und es ein großes Potenzial zur Verbesserung**

gibt. Das Buch ist ein toller und inspirierender Anfang und hat mir gezeigt, dass es meine Leidenschaft ist, ein Bewusstsein für das Thema zu schaffen.

Als Personalberaterin habe ich täglich die Chance, Frauen zu allen Bereichen eines Bewerbungsprozesses zu coachen und neue Karrieremöglichkeiten zu erschaffen. Es freut mich deshalb sehr, dass in diesem Buch auch Frauen abgebildet sind, mit denen ich schon zusammengearbeitet habe, und dass sich daraus solch großartige Synergien ergeben.

Das tolle Netzwerk, das durch dieses Buch entstanden ist, ist für mich sehr wertvoll. Ich bin gespannt, welche Chancen und Möglichkeiten sich zukünftig dadurch entwickeln. **Auf dein Feedback, deine Fragen oder Ideen bin ich sehr neugierig**. Ich freue mich darauf, von dir zu hören und mich mit dir auszutauschen. Sprich mich gerne auf LinkedIn (https://www.linkedin.com/in/sandrine-devries/) oder per E-Mail (sandrine.womenintech@gmail.com) an!

„The most dangerous phrase in the language is, 'We've always done it this way'."

Grace Hopper (amerik. Informatikerin, entwickelte den ersten Compiler)

1. Leidenschaft für Menschen und Technologie: Andrea Martin, Leiterin Watson Center @ IBM

Andrea Martin, Leiterin IBM Watson Center München & IBM Distinguished Engineer, IBM Deutschland GmbH; Bildrechte: Shilpa Marathe

Über mich: Ich habe eine Leidenschaft für Menschen und für Technologie. Mein Ziel ist es, eine Umgebung zu schaffen, in der jede und jeder in die Lage versetzt wird, innovativ zu sein, für unsere Kunden Mehrwert zu schaffen und sich selbst weiterzuentwickeln. Dafür stehe ich. Seit Juli 2019 bin ich die Leiterin des IBM Watson Center in München und damit verantwortlich für die inhaltliche Ausgestaltung sowie die Marktrelevanz des Centers. Zuvor war ich Chief Technology Officer (CTO) für IBM in Deutschland, Österreich und der Schweiz sowie für zwei Jahre die Präsidentin der IBM Academy of Technology. In meiner Rolle nutze ich meine Erfahrung und mein globales Netzwerk aus über 25 Jahren internationalem Servicegeschäft. Dies liefert auch wichtigen Input für meine Aufgabe als Sachverständige in der KI Enquête Kommission des Deutschen Bundestages, die am 27.09.2018 konstituiert wurde. Meine Laufbahn bei IBM begann im Jahr 1992 nach meinem Studium der Wirtschaftsmathematik an der Universität Karlsruhe.

Kontakt:
Website: www.ibm.com
LinkedIn: https://bit.ly/2Meh04h
Twitter: https://twitter.com/amartin171

Liebe Andrea, wo stehst du heute, beruflich und privat, und was hat dich in deinem Leben geprägt?

Vor einigen Jahren stand ich vor der Frage, was ich in mein LinkedIn Profil schreibe. Meine Rolle alleine schien mir zu langweilig. Ich habe dann beschlossen, das zu schreiben, wofür ich stehe: **Ich habe eine Leidenschaft für Menschen und für Technologie**. Dafür möchte ich stehen, wenngleich sich das erst im Laufe der Zeit so explizit herauskristallisiert hat. Meinem 19-jährigen Ich war das sicherlich nicht dermaßen klar. Damals wusste ich nur, dass mich Naturwissenschaften interessieren, vor allem Mathematik. Ich habe mich deshalb für das Fach Wirtschaftsmathematik entschieden und das dann auch studiert. Durchaus mit dem Hintergrund, dass mich zwar Mathematik unheimlich reizte, mir jedoch die praktische Anwendung ebenso wichtig war. Wirtschaftsmathematik war zu dem Zeitpunkt, 1987, recht neu und ich hatte die Nebenfächer Marktforschung, Marketing und angewandte Informatik. Danach habe ich mich breit beworben, von Marktforschungsunternehmen über Beratungshäuser und Pharma-Unternehmen bis hin zur IBM, bei der ich 1992 eingestiegen bin und bei der ich heute noch bin. Das klingt ungewöhnlich, aber innerhalb der mehr als 27 Jahre hatte ich so viele unterschiedliche Rollen inne, dass mir nie langweilig wurde.

Es war damals noch viel weniger üblich als heute, dass Frauen sich in technischen Berufen engagieren.

Möglicherweise war es ein Stück weit familiäre Prägung, dass ich mich für Mathematik interessierte. Mein Vater ist Elektrotechniker, meine Mutter hätte gerne Chemie studiert. Mein Onkel ist Maschinenbauer, der Cousin ist Elektrotechniker, der andere Onkel hat Chemie studiert, der nächste ist Bauingenieur. Ich bin also durchaus in einem technischen Umfeld groß geworden. Wobei ich als Kind zunächst Ärztin werden wollte, später wollte ich Kunstgeschichte studieren. Weder meine Eltern noch mein schulisches Umfeld haben mich in eine konkrete Richtung gedrängt oder mich zurückgehalten.

Möglicherweise war es ungewöhnlich, denn meine Tante hatte begonnen, Pharmazie zu studieren, meine Mutter ist Lehrerin geworden, eine andere Tante ebenso. Das waren jetzt nicht unbedingt die weiblichen technischen Role Models. Doch ich fand es nicht bemerkenswert, mich für Wirtschaftsmathematik zu entscheiden. Es war schlicht das, was mir am meisten Spaß gemacht hat, auch in der Schule.

Du sagst, es wurde nicht langweilig. Wie hat sich dein Weg bei der IBM entwickelt?

Bei meinem Einstieg war ich verantwortlich für die Implementierung kundenindividueller Lösungen im Bereich Systems und Service Management. Anschließend bin ich in die IT-Beratung gewechselt mit einem Schwerpunkt in der Bewertung und Optimierung von IT-Prozessen, später dann IT-Strategie. 2009 habe ich eine Karrierestufe erreicht, die sich Distinguished Engineer nennt. Etwa 800 der weltweit 350 000 Mitarbeiter haben diesen Titel, sie kommen aus unterschiedlichen Richtungen und Geschäftsbereichen, das ist das Spannende daran. Das können Berater sein, IT-Architekten, IT-Spezialisten, Entwickler. Als Distinguished Engineer habe ich in einem globalen Team für unsere größten Outsourcing-Kunden ein Innovationsframework entwickelt. Ich war in Workshops und Projekten in den USA, in Peru, letztlich auf der gesamten Welt unterwegs.

Communities spielen bei uns eine große Rolle. Wir haben zum Beispiel eine große technische Community mit etwa 800 Mitgliedern aus über 40 Nationen, die alle Geschäftsbereiche mit dem Ziel vertreten, innovative Lösungen zu entwerfen und unsere technische Strategie mit zu gestalten. Der Leader, der President wie es bei uns heißt, dieser IBM Academy of Technology, wechselt alle zwei Jahre. Ich hatte das große Vergnügen, diese Rolle 2014 und 2015 zu übernehmen. Es war eine weltweite Aufgabe, ohne dass an mich direkt Mitarbeiter berichteten, jedoch mit Community Verantwortung. Und eine weltweite Community zu steuern und zu Ergebnissen zu führen, mit Menschen, die das freiwillig neben ihrem Job machen, das war eine hochinteressante Erfahrung. Danach war ich CTO im DACH Raum und seit Mitte 2019 leite ich das Watson Center in München.

Mir fällt auf, dass sich die Themen Veränderung und Vielfalt wie ein roter Faden durch deine berufliche Laufbahn ziehen.

Das hat mich begleitet und das ist Teil der Firmenkultur. Die Ursprünge von IBM gehen ins 19. Jahrhundert zurück. Ein solches Unternehmen überlebt nicht am Markt, wenn es nicht konstant in Veränderungsprozessen, in der Transformation ist. Ich stelle gern die Frage: ‚Wer weiß, was das erste Produkt der IBM war?'. Die Kernprodukte in den Anfängen waren Wurstschneidemaschinen, Waagen und Uhren. Heute stehen wir für Künstliche Intelligenz, für Cloud, für Blockchain, für Internet of Things. Daher sind die ständige Veränderung und das permanente Lernen tief in der IBM DNA verwurzelt.

Diversity und Inclusion haben bei IBM eine lange Tradition. Die erste Frau und ebenso die ersten farbigen Mitarbeiter wurden 1899 eingestellt. Es gab intern eine sogenannte Policy zum Thema Diversity und Gleichbehandlung von Geschlechtern in den 1950ern, das war lange bevor dieses Recht in den USA gesetzlich verbrieft war. Selbstredend kommt es in der Praxis ebenso auf das Umfeld an, wie diese Werte gelebt werden. Insgesamt hatte ich Glück, dass ich Führungskräfte hatte, die mein Potential gesehen haben und mich entsprechend gefördert und unterstützt haben. Beziehungsweise es war nicht unbedingt Glück: **Ich habe sorgfältig geprüft, ob ich mich in der Situation zufrieden und unterstützt fühlte. Wenn nicht, habe ich mich umorientiert.** Und in der Rückschau kam mir das so vor, als ob ich Glück gehabt hätte. Wenn ich einen anspruchsvollen Job habe, sollte ich mich nicht zusätzlich damit beschäftigen müssen, ob ich als Frau (oder Mann) in einem Berufsfeld akzeptiert werde. Allenfalls dann, wenn die Leidenschaft für ein Themengebiet sehr groß ist.

Gibt es einen weiblichen Führungsstil oder ist es abhängig vom Menschen, von dessen Persönlichkeit und Prägung?

Beim einzelnen Menschen ist es abhängig von der Persönlichkeit und der persönlichen Geschichte. Jegliches Klischee hat jedoch einen Ursprung. Das heißt, es gibt sicherlich ein Charakteristikum oder eine Tendenz – ob angeboren, anerzogen oder durch das Umfeld geprägt, vermutlich ein Stück weit alles zusammen. Ich weiß nicht, ob es einen weiblichen und männlichen Führungsstil gibt. Ist das eine männliche Eigenschaft, wenn ich stark auftrete und auf meiner Meinung beharre? Ist es eine weibliche Eigenschaft, wenn ich versuche, in einem Kreis Harmonie herzustellen? Das finde ich schwierig zu beantworten. Möglicherweise ist es situativ. **Manchmal muss ich stark und beharrlich auftreten, egal ob ich Mann oder Frau bin, weil es die Situation aktuell erfordert.** Ein Beispiel: Wenn der Säbelzahntiger hinter mir steht, werde ich nicht versuchen, im Kreis Harmonie herzustellen und zu fragen, was wir jetzt machen sollen. Sondern dann ist die Ansage: ‚wegrennen', und es ist dann egal, ob die von einer Frau oder einem Mann kommt.

Gab es auf deinem bisherigen Weg prägende Erfahrungen oder Herausforderungen?

Mit Mitte Zwanzig war ich schwer krank. Während meiner Krankheit war ich fest davon überzeugt, dass ich es überlebe und wieder in gleichem Maße leistungsfähig bin wie vorher. Insgesamt hat sich das entsprechend ergeben, eventuell mit Abstrichen in der sportlichen Kondition. Durch das Ereignis hat sich das Bewusstsein für meinen Körper verändert. Was dann wiederum

Einfluss darauf hatte, dass ich in mich hineinhöre, was mir wann guttut. Nicht nur körperlich, sondern in gleichem Maße mental. Auch zu wissen, wann ich Pausen brauche. Dieses Bewusstsein kam durch das Erlebnis prägnanter zum Vorschein.

Ein sehr positives Erlebnis hatte ich im Coaching Netzwerk der IBM. Als ich dieses in Anspruch nahm, litt ich unter starken Rückenschmerzen. Ich war auf der Suche nach einer Lösung, sei sie nun physisch oder mental. Mit dem Coach habe ich ein Werte-Netz für mich erarbeitet. Das war richtig anstrengend, denn mein Coach hat mir intensive Fragen gestellt und wir haben sehr offen meine Gefühle in spezifischen Situationen reflektiert. **Letztendlich sind Gesundheit, Authentizität, Integrität und Harmonie Werte, die mich bis heute begleiten**. Deshalb achte ich sehr bewusst auf meinen Körper. Die Werte dienen mir beruflich als Hilfestellung und ebenso im Alltag.

Ich erlebe deinen Weg in der Technologiebranche als sehr natürlich, dennoch hadern viele Frauen damit, einen solchen Beruf zu ergreifen. Begegnet dir das?

Durchaus begegnet mir das. Ich muss da an eine Kollegin denken, die eine Zeit lang einen großen Geschäftsbereich geleitet hat. Sie sagte, es gäbe zwei wesentliche Entscheidungen, um Beruf und Familie gut vereinbaren zu können: Die Wahl des Partners und die Wahl der Firma. Je länger ich darüber nachdenke, umso mehr bin ich davon überzeugt, dass ich mit der Wahl der Firma eine gute Wahl getroffen habe. Mit der Wahl meines Mannes natürlich ebenso. Wenn du zum Beispiel als Frau nach der Kinderpause erneut in den Beruf einsteigst, ist es essentiell, für welchen Arbeitgeber du arbeitest und ob dein Partner dich unterstützt.

Es scheint stetig wichtiger zu werden, wie sich Unternehmen nach außen darstellen, in anderen Worten Image und Employer Branding. Diversity und Inclusion sind bei der IBM sehr präsent – nicht nur als Marketing-Message, sondern aus Überzeugung. Wir haben insbesondere in den letzten Jahren viel mit sehr bunten Stories gearbeitet und Mitarbeiterinnen und Mitarbeiter dargestellt mit ihrem Lebenslauf und ihrer Lebenssituation. Wir haben zum Beispiel eine Kollegin, Mitte 30, Distinguished Engineer, die mehr als 200 Patente hat und zwei Zwillingspärchen. Oder eine Entwicklerin in den USA, die jeden Tag mit dem Motorrad zur Arbeit fährt. Komplett unterschiedliche Typen. Und wenn eine Firma das nach außen darstellt, dann kannst du daraus etwas ableiten. Andere zeigen nach außen nach wie vor Männer mittleren Alters im grauen Anzug, das sagt ebenfalls etwas aus.

Die jüngeren Generationen beschäftigen sich mit Sinnhaftigkeit und Werten. Das beschäftigt mich ebenso. Mit wem mache ich Geschäft, mit wem nicht. Habe ich das Gefühl, das Produkt bringt die Welt und die Gesellschaft voran. **Da muss es einen Match geben, so dass du persönlich das Werte-System des Unternehmens unterstützen kannst**.

Hast du in deiner Rolle die Möglichkeit, Frauen oder spezielle Talente zu unterstützen?

Ich bin schon sehr lange Mentorin aus Überzeugung. Mentoring ist bei uns – insbesondere in der technischen Laufbahn – eine Voraussetzung, um überhaupt die nächsten Karriereschritte zu machen. Aktuell habe ich – mit den einen intensiver, mit den anderen weniger intensiv – weltweit zwischen 15 und 20 Mentor-Mentee-Beziehungen, Frauen und Männer. Da formen sich auch zwischenmenschliche Beziehungen, nur dann funktioniert es meines Erachtens mit einem Mentoring.

Pflegt ihr ebenfalls reine Frauen-Netzwerke?

Ich habe die Erfahrung gemacht, dass es Themen gibt, die Frauen nicht in gemischten Kreisen erzählen wollen. Weil es zu wenig Verständnis dafür gibt, wie beim Thema Hausarbeit, die in Deutschland nach wie vor überwiegend von Frauen gemacht wird. In einem Women Round Table wurde beispielsweise gefragt: ‚Was hat dich davon abgehalten, direkt nach der Geburt deines Kindes wieder ins Berufsleben einzusteigen?' Die Antwort war unter anderem: ‚Weil es schwierig für mich war, einen Raum zu finden, wo ich Milch abpumpen konnte'. Verständlich, dass die Frau das nicht in einem gemischten Kreis erzählen wollte. Also ja, es gibt Frauen-Netzwerke und -Round Tables. Andererseits ist es wichtig, dass Männer diese Themen ebenso erfahren, zum Beispiel wenn der Mann der Personalchef ist und entsprechende Räume einrichten möchte. Das ist wiederum ein Argument gegen Frauenrunden.

Wir haben ebenso Talent Programme bei IBM, weil wir in gleichem Maße damit zu kämpfen haben, dass der weibliche Nachwuchs ohne Zutun nicht in dem Maße da ist, wie wir das als Unternehmen im Technologiesektor gerne hätten. Wir haben zum Beispiel ein Programm aufgelegt im DACH-Raum, das sich ‚Women and Leadership' nennt. Seit 2019 wird indes das M großgeschrieben, weil wir das Programm für beide Geschlechter geöffnet haben. Und das ist gut so – Dinge entwickeln sich.

Ähnlich die Diskussion um die Frauenquote. Unsere Gesellschaft ist erst dann selbstregulierend, wenn die magischen 30 Prozent erreicht werden. Wenn eine Gruppe etwa 30 Prozent der Gesamtgruppe repräsentiert, dann fängt sie an, Einfluss auszuüben. Hier kann eine Quote helfen. Andererseits löst eine feste Quote leicht Widerstand aus. **Was gerecht ist, muss nicht notwendigerweise in einer einzelnen Situation fair sein**. Eine gesellschaftliche Änderung ist wie eine kulturelle Änderung in einem Unternehmen, sie ist extrem langwierig und jeder und jede Einzelne muss die Änderungen vorleben.

Interessanterweise findet es im Ausland großen Anklang, dass Angela Merkel Bundeskanzlerin ist – mehr als im Inland. Das hängt sicherlich auch mit der medialen Berichterstattung zusammen. Als jedoch Ursula von der Leyen Verteidigungsministerin wurde, lauteten die Überschriften: ‚Kann die das?' Bei einem Mann, selbst wenn er Erziehungsminister geworden wäre, wäre das vermutlich nicht gefragt worden. Das ist eine Hypothese, ich kann sie nicht belegen. Letztendlich müssen Politik, Gesellschaft und Unternehmen zusammenspielen.

Wenn wir zehn oder zwanzig Jahre in die Zukunft blicken, wo stehen wir dann?

Ich wäre gerne optimistischer, weil ich prinzipiell eher an das Gute glaube. Wenn ich jedoch zurückblicke, was wir in den letzten zwanzig Jahren erreicht haben … Ich zweifle daran, ob sich die Lage in zwanzig Jahren signifikant verändert haben wird. Da spielen verschiedene Aspekte eine Rolle: Was passiert im Kopf, welche Modelle werden vorgelebt, wie ist die politische Landschaft, die Medien, bis hin zur Kinderbetreuung. Es sind derart viele relevante Puzzlesteine, dass es schwierig ist oder zumindest eine Herausforderung, das alles zu koordinieren.

Das Wichtigste ist, persönlich herauszufinden, was einem Spaß macht. Sei es Informatik, Biologie, Astrophysik oder Tierpflege. Alles andere macht auf lange Sicht unglücklich. Für Frauen ist es ebenso wichtig, zu reflektieren, was im Alter passiert und wie ich mich so vorbereite, dass ich noch ein gutes, unabhängiges Leben im Alter habe. Und wenn es die Lebenssituation aus der eigenen Präferenz heraus erfordert, bei den Kindern zu Hause zu bleiben, sollten Frauen, die das für sich so entscheiden, trotzdem den Weitblick haben, was das langfristig für sie (und die Familie) bedeutet.

Jugendliche können wir unterstützen, indem wir aufmerksam beobachten, was ihnen liegt, was ihnen Spaß macht und das dann fördern. Ist das Kind oder der Jugendliche kreativ, eine Leseratte oder ein Baumeister? Und nicht zu sagen: ‚Du bist ein Junge und du musst jetzt Fußball spielen', wenn er besser Ballettunterricht bekäme. Als Erwachsener ist es in gleichem Maße spannend, sich zurück zu erinnern: Womit konnte ich als Kind fünf Stunden am Stück Zeit verbringen, wo war ich in meinem Thema, was war mein Traum?

Zum Abschluss: Was sind deine ultimativen Tipps?

Neugierig bleiben, den Horizont öffnen, neue Dinge ausprobieren. Wenn dir jemand sagt: ‚Ich würde dir gerne diesen Job geben'. Dann zwar überlegen, ob das deinen Stärken und Interessen entspricht, aber nicht darüber hinaus. Unsere weltweite Chefin hat von einer Situation erzählt, in der sie selbst zögerte. Ihr Mann sagte dann zu ihr: ‚Glaubst du, dass ein Mann da jemals gezögert hätte? Und wenn sie dir den Job anbieten, dann glauben sie, dass du den kannst'. Frauen überlegen oft zu lange: ‚Kann ich das?'. Fakt ist: Man kann beinahe alles lernen. Und es ist nicht schlimm, jemanden um Rat zu fragen. Das ist eher ein Zeichen von Stärke als von Schwäche.

Herzlichen Dank für das Gespräch!

Allzu leicht unterliegen wir Vorurteilen im Hinblick darauf, was Mädchen und Frauen scheinbar nicht können. Und möglicherweise übertragen wir selbst diese Stereotypen unterbewusst auf nachkommende Generationen. ‚Frauen können kein Mathe' ist solch ein landläufiges Klischee. Zahlreiche Studien haben dies widerlegt. Weder fehlende Fähigkeiten noch ein geringeres Interesse führen zu schlechteren Schulnoten oder weniger Studentinnen in MINT-Fächern. Es ist hingegen die Sozialisierung der Gesellschaft, der Familie und des Umfelds die Mädchen und Frauen wegen des in Folge geringeren Selbstbewusstseins und Selbstvertrauens glauben lässt, sie seien in diesen Fächern inkompetent. Lasst uns diesen Mythen keinen Glauben mehr schenken.

„Eine Studie mit über 500 000 Personen aus 69 Ländern zeigt: Frauen sind in Mathematik gleich gut wie Männer – sowohl im Durchschnitt als auch in der Verteilung der Fähigkeiten. (…) Unterschiede zwischen Frauen und Männern sind offenbar kulturell bedingt."

ETH Zürich (2019): Frauen können keine Mathematik, S. 1

2. Frauen sollten mutig sein: Claudia Schmidt, Geschäftsführerin @ Mutaree & Karin Keppler, freiberufliche Beraterin

Claudia Schmidt, Geschäftsführerin, Mutaree GmbH

Über Claudia Schmidt: Zukunft erkennt man nicht – man schafft sie! Ihrem Motto ließ Claudia Schmidt Taten folgen. Sie startete ihren Weg bei Hoechst, wechselte zur Sandemann Gruppe, ging dann zur Deutschen Bank Leben und war bei der VR-Leasing Managing Director für den Bereich Market Development und Communication. Sie hat in vielen Branchen und Positionen gearbeitet und liebt es, Organisationen zu gestalten. Ihr nächster Schritt war klar, sie gründete 2008 ihre Unternehmensberatung, die Mutaree GmbH. Als Geschäftsführerin und Expertin für Veränderungsmanagement hilft sie mit ihrem Team Unternehmen bei der Planung, Steuerung und Umsetzung von Veränderungsprozessen. 2010 initiierte sie das Forschungsprojekt ‚Change-Evolution 2020' und gibt alle zwei Jahre die ‚Change-Fitness-Studie' heraus. Claudia Schmidt hilft mit ihren Publikationen (Springer Gabler) – ‚Changemanagement in Gesundheitsunternehmen' und ‚Führung und ihre Herausforderungen' – den Menschen in den Mittelpunkt zu rücken und Veränderungen erfolgreich zu machen.

Kontakt:
Website: www.mutaree.com
LinkedIn: https://bit.ly/2ZcpaBT
Xing: https://bit.ly/3ewzRn4
Twitter: @ChangerClaudia, @Mutareecom

„Wie immer im Leben wollen die Menschen eine einfache Antwort… und es ist immer falsch."

Susan Greenfield (Hirnforscherin)

Karin Keppler, freiberufliche Beraterin im Finanzdienstleistungsumfeld

Über mich: Ich bin derzeit als freiberufliche Beraterin im Payment Umfeld tätig und habe in den letzten Jahren gelernt: Es ist in jedem Fall gut, einen Plan zu haben. Wenn sich der Plan ändert, sollte man auch damit umgehen können und einen neuen Plan entwickeln. Strukturiertes Arbeiten und Fokus auf die relevanten Bereiche haben mir dabei stets geholfen. Außerdem bin ich der Meinung, Frauen sollten mutig sein, sollten rangehen an die Technik. Die tut nicht weh und ist super interessant und sehr kreativ. Das, was zunächst nur nach Nullen und Einsen aussieht, verändert unsere Zukunft.

Kontakt:
LinkedIn: https://bit.ly/36Sni2P
Xing: https://bit.ly/3eGZMbF

Liebe Claudia, liebe Karin, was waren die wesentlichen Meilensteine in eurem Lebenslauf zum Thema IT?

Karin Keppler: Ich habe eine Banklehre gemacht, weil ich seit jeher zur Bank wollte und habe danach BWL und VWL studiert, ein Teil davon in London. Im Anschluss habe ich bei einer Bank gearbeitet. Nachdem das zu langweilig wurde, bin ich zu Price Waterhouse Coopers gegangen und habe da in der Unternehmensberatung gearbeitet. Und als die Zeit zu Ende war, bin ich zur VR-Leasing gewechselt. Danach habe ich mich selbstständig gemacht und bin seitdem freischaffende ‚Künstlerin' als Unternehmensberaterin. Meine ersten Berührungspunkte mit IT hatte ich im Studium als ich programmieren lernte. Ich hatte großen Respekt davor, da es scheinbar eher ein Thema für Männer war. Im Kurs war ich die einzige Frau. Durch einen guten Professor bin ich langsam herangeführt worden und habe verstanden, **dass IT keine Raketen-Wissenschaft ist, sondern erlernt werden kann**. Und ich habe gelernt, Technik zu hinterfragen. Das hat mir in der Karriere vielfach weitergeholfen, beispielsweise als ich später just zu dem Zeitpunkt in die Bank kam, als die Anfänge der Digitalisierung spürbar waren. Natürlich war es hilfreich, dass ich selbst programmieren konnte und ohne Angst an die Themen heranging. Heute noch habe ich sehr viel mit Technik zu tun, stellenweise tauche ich richtig tief in die Materie ein.

Claudia Schmidt: Im Grunde war ich in der Schule nicht sonderlich gut. Ich konnte Mathe, Sport und Musik und letztendlich ist die Entscheidung auf Mathe gefallen. Was ich damit im Zweifel machen sollte, war nicht klar. Insofern war mein Lebensweg eher zufällig geprägt. Gestartet bin ich im Vertrieb eines internationalen Chemie-Konzerns, danach bin ich zur Deutschen Bank gewechselt. Zunächst habe ich die ‚Koffer getragen', dann ging es um den Neuaufbau einer Lebensversicherung. Das war eine spannende Zeit. Geld war vorhanden, kombiniert mit der neuesten Technologie im Thema optische Archivierung. Deswegen hat mich die VR-Leasing später ‚eingekauft', um Schriftgut-Management und Briefschreibung zu automatisieren. 2008 habe ich mir die Frage gestellt, ob ich nochmal innerhalb der Industrie wechsle oder ob ich eine Unternehmensberatung aufbaue. Mein Mann sagte sehr richtig: ‚Beides gleichzeitig Vollzeit geht nicht, neuer Job und Business aufbauen'. Also habe ich mich für das Wagnis Selbstständigkeit entschieden. Hinsichtlich Technik bin ich ein normaler Anwender. Einige Dinge erklären sich von selbst und andere nicht. Wenn ich gezwungen bin und keine Hilfe habe, dann geht doch sehr viel mehr, als ich gemeinhin glaube. Ich bin kein echter Techie, der alles in der Tiefe verstehen muss. Es ist aber faszinierend, was alles möglich ist, wieviel Technik erleichtert und was sie an Möglichkeiten schafft. **Dass Frauen im technischen Umfeld tätig sind, ist für mich und in meiner Erfahrung eher eine Selbstverständlichkeit.**

Zur damaligen Zeit war IT ein sehr männerdominiertes Umfeld.

Karin Keppler: Das ist die IT auch heute noch, vor allem sobald es um Technik in der Finanzdienstleistung geht. Lange Zeit hatte IT zudem das Nerd-Image. Es kommt zunehmend, dass Frauen sich dafür interessieren. Was sich verändert hat, sind die Möglichkeiten. **Wir könnten alle eine App programmieren, wenn uns das einer zeigt.**

Claudia Schmidt: Ich würde einen Unterschied machen in Bezug auf die Branchen. Im Bankensektor oder in der Versicherung ist es eine Männerdomäne, da machen Frauen in der IT oftmals das Project Management Office oder Change Management und Kommunikation. In gleicher Weise wie Frauen meistens HR-Vorstand werden, wenn sie überhaupt Vorstand werden. In der Telekommunikation andererseits ist das gleichmäßig verteilt, unabhängig von den Rollen oder der Hierarchie. Telekommunikation ist deutlich IT-lastiger als das Bankenumfeld, im Grunde besteht deren Geschäft aus IT. Aufgefallen ist mir gleichzeitig, dass Männer in einem Punkt häufig sehr viel pragmatischer agieren als Frauen. **Wenn ein Mann 20 Prozent Übereinstimmung mit den Job-Anforderungen feststellt, dann fühlt er sich dafür prädestiniert bis in die Haarspitzen.** Frauen wollen meist erst ‚alles' lernen und Abschlüsse machen – zu Lasten der praktischen Erfahrung. Das hängt stark mit unserer Sozialisierung zusammen, nicht damit, dass wir eine Aufgabe nicht beherrschen oder sich die Unternehmen nicht öffnen. Dieser Reflex steckt tief in uns. Ein Beispiel: Mein Mann hat zu Beginn unserer Ehe einmal festgestellt, dass ‚mal gesaugt werden müsste' – ich habe das sofort als Aufforderung genommen, tätig zu werden. In meinem Elternhaus war es indes nie so, dass Hausarbeit Frauenaufgabe war. Er fand das damals sehr belustigend, weil er mich gar nicht dazu aufgefordert hatte, sondern nur die allgemeine Feststellung getroffen hatte. Man macht sich viel zu eigen, was faktisch gar nicht da ist und durch die Sozialisierung der Gesellschaft nach wie vor durchwirkt. Da bin ich jedoch selbst das Problem und nicht mein Umfeld.

Karin Keppler: Dafür sind Frauen prädestiniert. **Frauen wollen stets in allen Rollen perfekt sein.** Perfekter Haushalt, perfekte Ehefrau, perfekte Karrierefrau. Oft endet dieser Anspruch im Verzetteln, was das Karriereende bedeuten kann. Je früher man die perfektionistische Ader aufgibt, umso besser, man kann nicht in allen Rollen perfekt sein.

Claudia Schmidt: Das ist ein Stück weit Sozialisierung und vom Umfeld geprägt. In der Psychologie und Typologie rund um Motiv-Strukturen und Antreiber-Modelle gibt es einerseits eine deutliche Differenzierung zu diesem Perfekt-Sein-Wollen, dennoch erlebe ich es häufig als antrainiert. Es ist nicht zwingend im weiblichen Genmaterial verankert. Es gibt Menschen, Frauen und Männer, deren Antreiber ist tatsächlich ‚Sei perfekt!'. Es gibt andererseits ebenfalls Antreiber, die sagen ‚Sei stark!' oder ‚Mach es allen recht!' oder ‚Beeil dich!' oder ‚Streng dich an!'. Wir haben gelernt oder sind der subjektiven Überzeugung, den scheinbar an uns gestellten Erwartungen entsprechen zu müssen. Aber nicht, weil es unsere ureigene Eigenschaft ist.

Karin Keppler: Das sind exakt die Stereotypen. Männer streiten sich in der Arbeit und gehen hinterher gemeinsam ein Bier trinken. Frauen gehen nach Hause, machen sich drei Monate Gedanken und nehmen es persönlich. Sie fühlen sich nicht akzeptiert, wenn sie in die Auseinandersetzung gehen. Unabhängig davon, ob ihre Haltung richtig oder falsch war. Auch das hemmt Frauen im Beruf, dass sie selten Stellung beziehen. Weil sie Angst haben, dass sie nicht mehr gemocht werden oder dass über sie schlecht geredet wird. **Ich habe noch nie einen Mann mit verweinten Augen aus der Toilette kommen sehen**.

Was hat euch auf eurem Weg sozialisiert?

Karin Keppler: Meine Eltern hatten ein Unternehmen, in das meine Mutter voll eingebunden war. Es war also nicht verwerflich, dass eine Frau arbeiten geht und Karriere macht. Sie war außerdem in der Hinsicht ein Vorbild, dass sie einen Auslandsaufenthalt gemacht hatte. Damals war Österreich das ‚Ausland', aber immerhin. Das war etwas Besonderes zu der Zeit. Meine gute Ausbildung hat mir Respekt verschafft. Und dieser Respekt hat mich mutiger und selbstsicherer gemacht. Wobei Frauen ohnehin sehr mutig sind, viele Frauen bekommen Kinder und kümmern sich um die Familie. Das hat immens viel mit Mut zu tun, sich einer neuen Situation zu stellen. Mut sollte deutlich mehr gefördert werden, insbesondere im Technik-Umfeld sind wenige Jahre eine lange Zeit. Also braucht es Mut für den Wiedereinstieg.

Claudia Schmidt: Für mich war Unabhängigkeit mit das Wichtigste. Ich wollte selbst für meinen Unterhalt sorgen. Das war nicht zuletzt der Grund, warum ich Karriere machen und gutes Geld verdienen wollte. Ich war inspiriert durch die Notwendigkeit und gleichzeitig durch den Spaß am Erfolg und an der Anerkennung.

Können Frauen im technischen Umfeld Karriere machen?

Claudia Schmidt: **Ich habe mir die Frage gar nicht gestellt, ob ich das kann und ob mir das als Frau zusteht**. Dadurch wurde ich seltener hinterfragt, bin in der Männerwelt sehr aufgefallen und hatte ein besseres Sprungbrett. Nicht nur oder in jedem Fall, weil ich derart viel besser war, sondern weil ich als Frau schlicht deutlich mehr auffiel. Klappern gehört zum Geschäft, ich muss wahrnehmbar sein und die Bühne suchen. Und ich darf keinesfalls nur die Rollen wählen, die andere unterstützen. Wenn ich einen guten Job mache, möchte ich das Ergebnis meiner Mühen verkaufen und gesehen werden. Viele Frauen werden zwar in der zweiten Reihe sehr geschätzt, bekommen jedoch keine Sichtbarkeit und machen letztendlich keine Karriere.

Welche Tipps würdet ihr jungen Frauen mit auf den Weg geben?

Claudia Schmidt: Einfach mal anfangen, einfach mal lernen. Ehe ich mich bis in die Haarspitzen mit Ausbildungen munitioniere. Was soll passieren? Männer machen es nicht anders. Insofern hätte ich da als Frau keinen Nachteil. **Letztendlich ist es wichtig, dass mich mein Weg glücklich macht**. Alles andere brennt aus und strengt zu sehr an.

Karin Keppler: Frauen fällt es schwer, authentisch aufzutreten und auch optisch ihr eigenes Selbst zu verkörpern. Es scheint, als müsse man die eigene Persönlichkeit verbiegen, um Karriere zu machen. Das funktioniert und stimmt so nicht. **Frauen müssen nicht die besseren Männer sein**. Der männliche Weg muss nicht der einzige Weg sein. Jede Frau kann den eigenen Weg finden, auf ihre eigene Art.

Claudia Schmidt: Die jungen Unternehmen, die bestehende Anbieter angreifen, zum Beispiel in der Touristik, sind schließlich nicht stromlinienförmig. Und trotzdem beteiligen sich Konzerne an diesen ‚Buden', schlussendlich wird das auf die Konzerne abfärben. Es fällt uns jedoch sehr schwer, das Altbekannte und Bewährte loszulassen, selbst wenn es nicht mehr in den aktuellen Kontext passt.

Was müsste sich verändern?

Claudia Schmidt: Ich bin kein Fan von Diversity-Kampagnen. Nur weil es aktuell hip ist und politisch gefördert wird. Solange sich das Verhalten nicht ändert, ist es keine echte Überzeugung. Selbst wenn es Unternehmen dem Grunde nach verstanden haben, braucht es eine Zeit, bis es in der Tiefe angekommen ist. So erging es mir früher mit Veränderungen. Ich war da sehr rational – wenn es sich rechnet, muss es exekutiert werden. Auch ich durfte meinen Weg zu den Menschen finden. Nach der Erkenntnis kommt die Überzeugung. Da hilft nur, es wiederholt zu reflektieren und Mut zur Vielfalt zu haben. Quoten helfen ebenso wie früher Alice Schwarzer, sie sind nur nicht das Allheilmittel. Was mich an der Quote stört, ist, dass Unternehmen gezwungen sein könnten, die zweite Wahl einzustellen, das schädigt insgesamt das Ansehen der Frauen. Interessanterweise haben die jungen Männer Angst davor, dass Frauen bevorzugt werden. Ich bin der Überzeugung: **Wenn Frauen wollen, müssen sie persönlich aufstehen und sich und ihr Umfeld beeinflussen**.

Karin Keppler: Ich halte die Quotenregelung für einen ersten wichtigen Schritt. Wenn sich Menschen im Unternehmen damit auseinandersetzen müssen, dann gerät das andere Geschlecht mehr in den Fokus. Es gibt einen kleinen Schubs in die richtige Richtung. Oftmals werden weiterhin Menschen eingestellt, die einem selbst sehr ähnlich sind. Männer stellen Männer ein.

Claudia Schmidt: Es beginnt damit, dass Frauen von sich selbst überzeugt sind. In meiner Gedankenwelt war es damals gar keine Frage, ob ich den Job bekomme. Es war mein Traumjob, ich wollte ihn und hielt mich für qualifiziert. Scheinbar habe ich damit mein Gegenüber überzeugt. Ich kann nichts verkaufen, wovon ich selbst nicht überzeugt bin. Wenn ich noch Zweifel habe, hole ich mir einen Coach als Reflexionsfläche, damit habe ich gute Erfahrungen.

Karin Keppler: **Eine fachliche Ausbildung gibt Sicherheit** im Außen und gleichzeitig die Überzeugung, dass das Thema tatsächlich mein Thema ist. Qualifikation ist ein bisschen aus der Mode gekommen, ist jedoch insbesondere im IT-Umfeld sehr hilfreich. Das muss nicht zwingend in Form eines Studiums sein, sondern kann durchaus in Form von Seminaren erfolgen. Nur mit Persönlichkeit wird es schwer, sich Respekt zu verschaffen.

Lasst uns einen Blick in die Zukunft werfen, wo seht ihr Deutschland in 20 Jahren?

Karin Keppler: Diversity-Themen wie Religion und Geschlecht werden in 20 Jahren deswegen nicht mehr relevant sein, weil es nur noch um Fachkompetenz und um Führungskompetenz gehen wird.

Claudia Schmidt: Künstliche Intelligenz und Robotik werden einen sehr viel größeren Stellenwert haben. Vor allem körperlich können wir uns sehr über Robotik entlasten. Spannend wird sein, wie wir unser Verständnis von Ethik und Moral in die KI integrieren. Wie erreichen wir, dass wir als Menschen nicht für die Technik da sind, sondern die Technik für uns? Ich weiß nicht, ob wir in 20 Jahren eine rundum befriedigende Antwort darauf haben werden. In jedem Fall wird es uns in 20 Jahren deutlich mehr beschäftigen und schmerzen.

Karin Keppler: Vor diesem Hintergrund sind Frauen in der Technik exakt das Richtige. Uns wird nachgesagt, besonders stark in sozialen Aspekten zu sein, wie Verständnis, Ethik und Moral. In meiner Wahrnehmung sind Frauen in Führungspositionen eher bestrebt, die Situation zu durchdringen und den Hintergrund zu verstehen. **Frauen geben sich mehr Mühe, Gefühle mit in das Berufsleben einzubeziehen**. Männer sind mehr straight-forward. Umso wichtiger ist es, dass in der Diskussion um KI Frauen mit technologischem Verständnis eingebunden sind. Diese Entwicklung muss jetzt anfangen. Daher müssen sich Frauen heute mit Technik beschäftigen, um in 20 Jahren die richtigen Entscheidungen zu treffen.

Claudia Schmidt: Frauen sind nicht zwingend menschlicher oder einfühlsamer. Die boxen sich ebenso durch wie Männer. In unsicheren Situationen fehlt es uns allen an Souveränität, dann sind wir alle im zwischenmenschlichen Bereich nicht sonderlich empathisch. Daher dürfen Frauen und Männer lernen, mehr zu reflektieren. Auch wenn Frauen tendenziell auf der Beziehungsebene stärker sind.

Was möchtet ihr den Frauen mit auf den Weg geben?

Karin Keppler: **Frauen sollten mutig sein, sollten rangehen an die Technik**. Die tut nicht weh, ist super interessant und sehr kreativ. Das, was zunächst nur nach Nullen und Einsen aussieht, verändert unsere Zukunft.

Claudia Schmidt: Fachkompetenz ist nicht schädlich, eine fundierte Ausbildung ist keine schlechte Idee. In der Technologie liegt die Zukunft, daher ist es ein guter Plan, diese Technologie zu beherrschen und ihr nicht ausgeliefert zu sein. Der Rest ist Persönlichkeit. Das zu tun, woran ich Freude habe, was mich erfüllt, wovon ich überzeugt bin. Und mich nicht in Muster zwängen zu lassen, sondern mutig Neues auszuprobieren.

Besten Dank für die Einblicke!

„Die Wissenschaft ist eine Suche nach Verständnis.“

Jocelyn Bell Burnell (Radioastronomin)

3. Raus aus der Schublade: Madeleine Kühne, Interim Managerin & SAP-Beraterin @ Kühne Consulting

Madeleine Kühne, Interim Managerin & SAP Beraterin, Kühne Consulting; Bildrechte: Sarah Vogel

Über mich: Ich vereine viele Facetten in mir. Ich passe in keine Schublade und das ist gut so. So habe ich in mehreren Fortune 500 Firmen in Führungsfunktionen gearbeitet, erfolgreich Firmen gegründet und bin derzeit mit meiner Consultingfirma im IT-Markt beratend tätig. Als ausgesprochener Familienmensch ist es seit jeher mein Antrieb gewesen, Menschen zu verbinden und Brücken zu bauen, um Gräben zu überwinden. In über 15 Jahren in diversen Führungspositionen habe ich erfolgreich Teams zusammengestellt, umstrukturiert und zu neuen Erfolgen geführt. Als Frau in einer männerdominierten Branche bin ich dabei oft neue Wege gegangen und habe Mut und Durchhaltevermögen bewiesen, wo andere schon längst eingepackt hätten. Das Thema Future Leadership liegt mir besonders am Herzen. Ich möchte vor allem, dass junge Menschen wieder Spaß am Führen haben. Aus diesem Grund habe ich ein Buch für Millennials geschrieben und halte zudem Vorträge zum Thema generationsübergreifende Führung.

Kontakt:
Webseite: www.madeleinekuehne.com
LinkedIn: https://bit.ly/36SaauO
Xing: https://bit.ly/3eB2ejX
Instagram: https://bit.ly/3eBWF4R
Facebook: https://bit.ly/2zO9M4f
Youtube: https://bit.ly/2MgJSJ1
ProvenExpert: https://bit.ly/3eznVB9

Liebe Madeleine, wie kam es dazu, dass du heute als SAP-Beraterin selbstständig bist?

Ich habe ursprünglich BWL studiert und habe nach meinem Studium mit viel Fleiß und Energie Karriere im Bereich Finanzen und Controlling gemacht. Darunter einige Positionen bei großen, namhaften Konzernen, wie zum Beispiel Volkswagen, Siemens, Deutsche Bahn, Coca-Cola oder General Electric. Ich hatte einige Stationen im Controlling und mich im Bereich Treasury und HR ausprobiert. Wobei ich festgestellt habe, dass Finanzen und Controlling mir am meisten liegen. In diesem Bereich bin ich recht schnell durchgestartet und habe bereits mit Anfang 30 für einen amerikanischen Konzern in Luxemburg die europäische Finanz- und Controlling-Abteilung geleitet. Von außen betrachtet hatte ich in der Tat eine Bilderbuchkarriere mit vielen namhaften Stationen. Das hat mich gleichzeitig an meine Grenzen gebracht.

Inwiefern?

Die vielen Dienstreisen haben mich damals mehr belastet, als ich das subjektiv wahrgenommen habe. So landete ich nach einer anstrengenden Dienstreise abends am Flughafen Düsseldorf, um dann festzustellen, dass mein Firmenwagen noch am Kölner Flughafen stand. Ich war drei Wochen am Stück quer durch Europa gereist und bei der Planung der Dienstreisen war ein kleines Detail untergegangen. Glücklicherweise war das nur eine geringe Distanz. Es hätte wesentlich schlimmer sein können. Doch ich habe mich gefragt: ‚Was mache ich hier?'. Ich hatte kein Privatleben mehr. Ich war für den Job nach Luxemburg gezogen. In ein Land, in dem ich keinen Freundeskreis und keine Familie hatte. Mein Leben bestand nur noch aus Arbeit. Das gesamte Konstrukt erschien mir plötzlich surreal. An diesem Punkt, als ich in Düsseldorf am Flughafen stand, habe ich beschlossen: So kann es nicht weitergehen. Ich musste die Reißleine ziehen.

Eine herausfordernde Situation, wie hast du dich neu orientiert?

In dem anschließenden Reflexionsprozess habe ich festgestellt, dass ich mir vor allem mehr Freiheit und Selbstbestimmtheit wünsche. Zudem waren meine Fähigkeiten und Kenntnisse am Markt sehr gefragt, so dass ich mich schlussendlich als Interim Managerin und SAP Consultant selbstständig gemacht habe. In diesem Bereich bin nun seit vielen Jahren tätig und habe beinahe keine Leerlaufzeiten zwischen den Projekten. Es sei denn, ich plane diese bewusst ein. **Was mich erfolgreich macht, ist, dass ich die Brücke zwischen Fachbereich und IT äußerst natürlich herstellen kann und die Sprache beider Welten spreche**. Ich bin quasi die Übersetzerin und stelle sicher, dass beide Welten nicht nur miteinander kommunizieren, sondern sich tatsächlich verstehen.

Was verbindet dich mit IT?

Mit IT bin ich früh in Berührung gekommen. Schon in der Schule habe ich meine ersten Schritte in der Programmierung gemacht, damals in der Sprache Pascal. Ich fand es spannend und faszinierend zu sehen, was damit möglich ist. Richtig auf den Zug aufgesprungen bin ich damals jedoch noch nicht. Programmierung war in meinen Augen prädestiniert für die blassen, pickeligen Keller-Nerds. Und doch haben mich die technologischen Themen seither nicht mehr losgelassen. Und selbst wenn ich viele Jahre im kaufmännischen Bereich tätig war, habe ich mir über die Jahre hinweg eine große IT-Kompetenz angeeignet.

Als ich Mutter wurde, hat sich mein bis dahin abwesendes Sicherheitsbedürfnis gemeldet. Ich brauchte jetzt mehr Stabilität und Kontinuität. Nachdem ich noch einige Monate in der Selbstständigkeit gearbeitet hatte, entschloss ich mich, erneut zurück in eine Anstellung zu gehen. So ergab es sich, dass ich für zweieinhalb Jahre die Leitung des SAP-Teams der Mediengruppe RTL am Standort Köln übernommen habe. Die größte Herausforderung dabei war, Strukturen, Prozesse und Tools neu aufzubauen sowie neue Mitarbeiter zu rekrutieren. Mein Team von 30 Mitarbeitern und ich waren dabei sehr erfolgreich. Nach zweieinhalb Jahren musste ich jedoch feststellen, dass ich die Abwechslung, Selbstbestimmtheit und Freiheit meiner unternehmerischen Tätigkeit sehr vermisse. Der Weg dahin zurück war leicht und ich bin seitdem erneut selbstständig in der SAP-Beratung unterwegs.

Neben der IT begeistert dich vor allem das Thema Leadership.

Auf meiner Reise habe ich meine Leidenschaft für Führung entdeckt und ich bin heute neben der Beratung ebenso als Speakerin zum Thema ‚Leadership der Zukunft' tätig. Ich bin davon überzeugt, dass die Generationen, die nach uns kommen, viel Wert auf menschliche und nahbare Führung auf Augenhöhe legen. Eine emotionale Art der Führung, die den Menschen als Individuum in den Mittelpunkt rückt. Ich schreibe dazu gegenwärtig an einem Buch, will aber noch nicht zu viele Details verraten. Es richtet sich an die Zielgruppe der Millennials und deren nachfolgende Generationen, um diese wieder für Führung zu begeistern. Denn die Minderheit der jungen Leute interessiert sich heute dafür, selbst in die Verantwortung zu gehen und zu führen. Daher will ich das Thema in den Vordergrund rücken und jungen Leuten zeigen, was Führung der Zukunft bedeuten kann, ohne neue Schubladen zu definieren.

Denn ich habe festgestellt, dass ich sehr häufig in Schubladen gesteckt wurde, bedingt durch das Aussehen, bedingt durch die Weiblichkeit. Zu blond, zu laut, zu leise, zu schwach, zu stark, zu groß, zu lustig, nicht humorvoll genug..., ich habe gefühlt alles schon gehört. Und wenn man in seiner Persönlichkeit nicht gefestigt ist, können Vorurteile irritieren. Daher ist es mir wichtig, zu zeigen, dass es in Ordnung ist, den individuellen Weg zu verfolgen. Vollkommen unabhängig davon, was die Masse erwartet oder gerne hätte. Es ist legitim, sich seine eigenen Gedanken zu machen und es dann auszuprobieren. **Meist sind es die eigenen Ängste und uralten Glaubenssätze, die von der Umsetzung abhalten**.

Können uns Ängste nicht auch vor falschen Entscheidungen bewahren?

Da malt man sich aus, was alles schief gehen könnte und was womöglich Schlimmes passiert. Am Ende passiert dann leider vor lauter Angst und Zweifeln gar nichts. Ich habe erlebt, dass sich viele junge Menschen selbst vor schwere Karriere-Entscheidungen stellen, weil sie irrtümlich davon überzeugt sind, dass ihre restliche Vita davon abhängt. Faktisch hängen allenfalls die nächsten zwei bis drei Jahre davon ab und dann ist man in der Lage, sich nochmals neu zu orientieren und neu zu bestimmen. Ich habe als junger Mensch viel Zeit damit verbracht, Jobangebote gegeneinander abzuwägen und meine Karriere zu planen. Diese Zeit hätte ich mir rückblickend sparen können. Denn es war im Nachhinein nicht wichtig, welches Angebot ich angenommen habe. Vielmehr war es entscheidend, welches ich nicht angenommen habe und warum. Als ich vor der Entscheidung stand, selbstständig zu werden, hatte ich ein sehr gutes Angebot von einem Konzern vorliegen. Die

Position war super interessant und auch finanziell war es überaus attraktiv. Ich habe mich trotzdem bewusst für die Selbstständigkeit entschieden. Ich wollte mich nicht mehr dafür rechtfertigen müssen, für welche Themen ich mich engagiere und warum. Es war eine sehr bewusste Entscheidung, **hin zu mehr Freiheit im Denken und im Handeln**.

Das war mutig und beeindruckend.

Mein Beispiel zeigt, dass Erfolg nicht vom Himmel fällt und viel mit Mindset zu tun hat. Ich komme aus einer Familie, der das Unternehmertum im Blut liegt. Ich bin in Ostdeutschland aufgewachsen und habe erlebt, was mit einer Unternehmerfamilie passiert, deren Betrieb enteignet wird und die nur noch eine passive Rolle darin spielen darf. Doch das Mindset des Unternehmers bleibt und wird an die kommenden Generationen weitergegeben, ob bewusst oder unbewusst. Deswegen war das Thema Selbstständigkeit ein vollkommen natürlicher Weg für mich. **Sich zu trauen, rauszugehen, Neues auszuprobieren**. Mein Umfeld hat zwar auf meine Idee der Selbstständigkeit teilweise verhalten reagiert und gefragt, warum ich meinen gutbezahlten, sicheren Job im Konzern aufgebe. Aus meiner Sicht war der Weg ins Unternehmertum die logische Konsequenz.

Ich bin davon überzeugt, dass Familie und Elternhaus in hohem Maße mitbestimmen, wie wir denken und handeln, für welche Berufe wir uns entscheiden und mit welchem Mindset wir an Themen herangehen. Die Hotelbranche, aus der meine Eltern kommen, hat zwar nicht dazu geführt, dass ich selbst Hotelier geworden bin. Dennoch hat es dazu geführt, dass ich anpacken kann, klare Vorstellungen über meine Ziele habe und das Unternehmerische von Kindesbeinen an mitbekommen habe.

Bist du davon überzeugt, dass es Frauen aus eigener Kraft gelingt, in technischen Berufen erfolgreich zu sein? Oder braucht es Politik, Gesellschaft und Unternehmen?

Für mich hatte die Zusammenarbeit mit Männern eher Vorteile. Denn wenn man als Frau unter Männern einen guten Job macht, fällt man verstärkt auf. Ein einziges Mal in meinem Leben hat ein Mann den Vorzug bekommen, schlicht deshalb, weil er ein Mann war. Davon abgesehen war es eher ein Vorteil, dass ich als Frau gesehen wurde, sofern beide gleich kompetent waren. Ich bin dennoch grundlegend davon überzeugt, dass es eine Frauenquote braucht, um die erste Hürde zu überwinden, und damit die Gleichstellung schneller Fahrt aufnehmen kann. Ich denke, dass wir politisch auf einem recht guten Weg sind.

Gesellschaftlich bin ich davon überzeugt, dass wir die Individualität stärker fördern und feiern sollten. Es ist ok, wenn jeder seinen eigenen Weg einschlägt und es keine, oft falsch gewählten, Standards gibt. Frauen mit Kindern müssen nicht zwingend zu Hause bleiben. Es ist solange in Ordnung, wie es die eigene Entscheidung ist und nicht die des Mannes oder der Gesellschaft.

Bereits im Kindergarten sollten wir Kindern aufzeigen, dass es berufstätige Frauen und Frauen in Führungspositionen gibt. Dass unterschiedliche Vorbilder und individuelle Lebenswege existieren, die allesamt völlig in Ordnung sind. Ich erinnere mich da an eine sehr einprägsame Geschichte: Eines Tages holte ich meine Tochter vom Kindergarten ab und sie fragte mich, was ich beruflich mache. Als ich ihr von meinem Job erzählte, sagte sie: ‚Mama, das kann nicht stimmen. Du bist ein Mädchen und Mädchen sind keine Chefs.' Von daher müssen wir sehr früh ansetzen. Schulisch sollten wir Unternehmertum früher fördern und aufzeigen, dass Selbstständigkeit eine relevante Option im Lebenslauf ist, dass Lebensläufe heute nicht mehr geradlinig sein müssen. Ich würde es sehr begrüßen, noch stärker die IT-Angebote für Kinder und Jugendliche zu fördern, so dass Programmierkenntnisse oder im Allgemeinen IT-Kenntnisse zum Standard werden.

Du bist nicht nur vollzeitig selbstständig und vielseitig interessiert, sondern auch Mutter. Wie organisierst du dich?

Was mir als Vollzeit tätige, selbstständige Mutter am meisten hilft, ist mein Partner. Wir haben uns von Anfang an gleichberechtigt um Kindererziehung und Beruf gekümmert. Er ist glücklicherweise recht flexibel, weil er im Außendienst tätig ist. Selbstverständlich gab es schwierige Momente, wenn beide auf Dienstreisen waren oder das Kind krank war und dann ein Elternteil anwesend sein musste. Wir versuchen beide, unseren Alltag bestmöglich zu organisieren. In diesem Zusammenhang erwarte ich von Unternehmen, Meetings untertags zu organisieren. Meetings nach 17 Uhr sollten ad acta gelegt werden. Zudem braucht es Home-Office Möglichkeiten, das ist noch nicht in allen Konzernen Standard. In meinem eigenen Wirkungskreis als Führungskraft habe ich unabhängig vom Konzernstandard stets gemeinsam mit meinen Mitarbeitern entschieden, was für den Einzelnen und das Team die beste Lösung war. Beschwerden dazu gab es nie, denn wir waren erfolgreich. Mein Learning daraus: **Erst mal machen und dann schauen, was passiert**. Oftmals sind die Konsequenzen kaum negativ oder spürbar.

Was waren rückblickend deine größten Learnings?

Ich habe bereits in der Schule festgestellt, dass mir IT liegt und ich dafür eine Begabung habe. Im Berufsleben wurde mir das permanent gespiegelt. Ich hätte eventuell früher darauf hören sollen. Und ich hätte mich schon deutlich früher selbstständig machen können. Mich hätte schließlich nichts davon abgehalten. Es ist wichtig, sich zu trauen, auf seine innere Stimme zu hören, sich nicht so sehr vom äußeren Lärm und den gesellschaftlichen Normen beeinflussen zu lassen. Zum Beispiel davon, dass IT Männersache ist. Denn das ist definitiv nicht so. Zudem durfte ich lernen, dass Männer sehr gerne mit uns Frauen zusammenarbeiten. Denn die Effekte sind nicht von der Hand zu weisen. Es beeinflusst die Firmen-Kultur, das Betriebsklima und den Teamzusammenhalt sehr positiv. Dann ist die Welt plötzlich groß und bunt.

Wenn man seine Leidenschaft verfolgt, zieht man andere Menschen in sein Leben, die in gleicher Weise ticken. Das ist eine Bereicherung und dafür bin ich unfassbar dankbar. **Mein Lieblingsthema ist: nicht reden, einfach machen**. Träumen hilft, die Wünsche und Ziele zu visualisieren und sich ein Bild davon zu machen, wo man hinmöchte. Wichtiger ist es jedoch, den ersten Schritt zu gehen und dann einen Fuß nach dem anderen in die gewünschte Richtung zu setzen. **Wege entstehen beim Gehen**. Letztendlich kommt es, wie es kommt.

Ich danke dir für den anregenden Austausch!

„Die mathematische Wissenschaft zeigt, was ist. Es ist die Sprache der unsichtbaren Beziehungen zwischen den Dingen. Aber um diese Sprache zu gebrauchen und anzuwenden, müssen wir in der Lage sein, das Unsichtbare, das Unbewusste zu schätzen und zu fühlen."

Ada Lovelace (britische Mathematikerin, gilt als erste Programmiererin)

Viele der im Buch porträtierten Frauen sind Führungskräfte auf unterschiedlichen Hierarchieebenen. Wir sind davon überzeugt und Studien belegen diese Überzeugung: Diverse Teams sind effektiver, das trifft auch auf die Führungsebenen zu. Positive Effekte auf Kultur, Kommunikation, Motivation und Team-Leistung sind nachgewiesen.

Frauenanteil in den Führungsgremien der 30 größten Börsenunternehmen in Schweden und Deutschland		
01.09.2019	**Schweden**	**Deutschland**
Frauen in Vorständen	23,6 %	13,4 %
Weibliche Vorstandsvorsitzende	6,9 %	0 %
Frauen in Aufsichtsräten	36,4 %	33,7 %
Weibliche Aufsichtsratsvorsitzende	13,8 %	3,3 %
Nach: Allbright Stiftung (2018): Die Macht der Monokultur, S. 16 (Auszug)		

Das durchschnittliche Vorstandsmitglied ist…	
Geschlecht	91 %: männlich
Nationalität	75%: deutsch
Geburtsjahr	1966
Ausbildung im Ausland	34 %
Studium / Beruf	51 %: Wirtschaftswissenschaftler, 25 %: Ingenieur
Nach: Allbright Stiftung (2019): Entwicklungsland: Deutsche Konzerne entdecken erst jetzt Frauen für die Führung, S. 7 (Auszug)	

Dennoch sind Frauen in der Führung noch keine Norm. Insbesondere Frauen an der Spitze von Unternehmen sind keine Selbstverständlichkeit. Das zeigte auch die hohe öffentliche Aufmerksamkeit, als Jennifer Morgan (leider nur für kurze Zeit) Co-Chefin des Softwareunternehmens SAP wurde. Die Allbright Stiftung macht bereits seit Jahren auf diesen Missstand aufmerksam.

4. Wege entstehen, indem man sie geht: Isabel Banzerus, Unit Managerin Data Frameworks @ Reply

Isabel Banzerus, Unit Managerin Data Frameworks, Machine Learning Reply / a Reply AG company

Über Isabel Banzerus: ‚Wege entstehen, indem man sie geht!' Isabel ist Unternehmensberaterin aus München. Nach mehreren Jahren in England für Studium und erste berufliche Schritte, begleitet sie mit ihrem Team DAX 100 Kunden in den verschiedensten Aspekten der IT-Strategie, wie Cloud-Technologien, KI-Anwendungsfälle und Organisationsentwicklung. ‚Wichtig ist mir, Spaß an der Lösung technischer Herausforderungen zu vermitteln. Und die Begeisterung, die ich für innovative Produkte und Services habe, auch an Mitarbeiter und Kunden weiterzugeben. Persönlich befasse ich mich gerne mit allen angrenzenden Themen der Digitalisierung: gesellschaftlichen Fragestellungen zu Künstlicher Intelligenz, New Work, Diversität und Inklusion, aber auch mit psychologischen Herausforderungen einer vernetzten Welt. Die Hemmschwelle für andere zu senken, neue Dinge auszuprobieren und Innovation greifbar zu machen, treibt mich an.'

Kontakt:
LinkedIn: https://bit.ly/2AwGXZZ
Xing: https://bit.ly/2XREvoY

Liebe Isabel, wie hat dich dein Weg zur Künstlichen Intelligenz beziehungsweise in die IT-Beratung geführt?

Ich habe ursprünglich BWL studiert und bin mittlerweile seit fünf Jahren in der IT-Beratung tätig. Technologie und deren Adaption in der Gesellschaft faszinieren mich. Gefördert wurde das ebenso durch meinen familiären Background, meine Mutter hat bereits in den 70er Jahren, wie schon mein Vater, Physik studiert. Das war damals noch sehr außergewöhnlich. Es war nicht leicht, sie hat es dennoch durchgezogen. Heute noch sprechen wir in der Familie gerne über technologische Neuerungen. Ich habe also von zuhause eine große Neugier und Offenheit gegenüber Technologie mitbekommen. Mein Bruder ist heute ebenfalls in der IT-Beratung tätig.

Ich muss gestehen, dass ich in der Schule Mathe und Physik nie interessant fand und darin nicht sonderlich gut war. Informatik gab es leider damals nicht als Schulfach. Erst während des Studiums haben mich Fächer wie E-Commerce und Empirische Ökonomie begeistert. Ich sehe das gleichzeitig nicht als Grundvoraussetzung für eine erfolgreiche Karriere. Ein gutes Zahlenverständnis ist am Ende ebenso wichtig wie unternehmerisches Know-how und Fremdsprachenkenntnisse. Meine Berufswahl ist auf fruchtbaren Boden gefallen, für mich war sie jedoch nie etwas Besonderes. **Ich ermuntere andere Frauen, neugierig zu sein. Es gibt viele Möglichkeiten und kaum Limits.** Zeitweise hat mein Umfeld befremdlich reagiert, da viele meiner Kommilitoninnen sich nach dem BWL Studium eher in Richtung Kommunikation und Marketing orientiert haben. Mittlerweile finden viele das Thema spannend, weil sie sehen, dass es bei mir gut gelaufen ist.

Wie waren deine ersten Schritte in der IT-Beratung?

Die IT-Beratung war nicht mein erster Job. Ich hatte meinen Master in International Management in England gemacht und dann ein Angebot von der Bank of New York in Manchester bekommen. Das klassische 9 to 5, bei dem du den Tag mit Investmentbankern in Frankfurt in Telefonkonferenzen verbringst. Ich hatte dort erste Berührungspunkte mit der IT, weil alle Anforderungen auf IT-Seite in Indien umgesetzt werden mussten und wir dementsprechend priorisierten. Das hat mir Spaß gemacht – die Übersetzung der Wünsche eines Frankfurter Investmentbankers in Anforderungen für ein Tech-Team, dem die Relevanz der Anforderungen nicht in jedem Fall bekannt war. Nach einem halben Jahr bin ich zurück nach München gegangen und habe bewusst nach einem Job in der IT-Beratung gesucht, in dem ich diese Dolmetschertätigkeit weiterführen kann. Das erste Jobinterview in München war spannend. Ich war völlig overdressed im Kostüm und sehr aufgeregt und der Raum war voller Nerds! Das Thema hat mich jedoch direkt in den Bann gezogen, daher habe ich es gewagt, die Stelle anzutreten. Wenn es mit dem Einstieg in die IT nicht gepasst hätte, hätte ich nochmal gewechselt. Am Ende waren es aber nur normale Startschwierigkeiten. **Es ist eine Entwicklung, die eigenen Interessen kennen zu lernen und der eigenen Stimme Gehör zu verschaffen**. Das betrifft letztendlich den Einstieg in alle Branchen und Berufe. Es liegt nicht in jedem Fall an der IT, das ist mir rückblickend und im Austausch mit meinem Netzwerk erst bewusst geworden.

Man muss nicht entwickeln können, um in die IT-Beratung zu gehen. Das Feld ist mittlerweile derart breit gefächert, dass man sich in einer Vielzahl von Themen ausprobieren kann. Sicher muss man sich mit den dahinterliegenden Prozessen oder mit der Architektur gern beschäftigen. Vor allem am Anfang gab es Themen, die mir keinen Spaß gemacht haben und in denen ich keine praktische Erfahrung vorweisen konnte, zum Beispiel Java Entwicklung oder Software Testing. Damit muss man klarkommen, dass man um Hilfe fragen muss. Datenstrategie und Künstliche Intelligenz, die Schwerpunkte meines jetzigen Jobs, machen mir enorm viel Spaß.

KI ist eine der Technologieformen, die unser Leben nachhaltig verändern können. Dabei geht es darum, einer Maschine beziehungsweise Computern, verständlich beizubringen, was normalerweise mit intelligenten Wesen in Verbindung gebracht wird. Letzten Endes geht es auch darum, automatische Entscheidungen zu fällen, beispielsweise ob ein autonomes Auto links oder rechts abbiegen muss oder ein Kreditantrag bewilligt wird. In diesem Kontext wird es entscheidend darauf ankommen, wie und mit welcher ethischen Weltanschauung wir diese Systeme lernen lassen. Diese Fragestellungen sind für mich absolut entscheidend, weil sie definieren, ob wir in einer gerechten Welt leben werden. Wir begleiten Unternehmen darin, KI in den unternehmerischen Rahmen einzubetten: Wie sehen Arbeitsstrukturen dahinter aus, welche Konsequenzen hat die Anwendung von KI im Unternehmen und auf den Umgang mit Kunden? Wir setzen die Themen prozessual auf, betrachten das Ganze aus Sicht der Organisationsentwicklung und definieren, wie IT die Anforderungen umsetzen kann. Ich bin mir sicher, dass ich in dem Umfeld noch sehr lange unterwegs sein werde, weil KI potentiell sämtliche Bereiche unseres Lebens beeinflusst. Ich kann nur dazu raten, jetzt noch in das Feld einzusteigen, weil es da noch spannende Entwicklungen geben wird.

Wie hast du dich weitergebildet?

Weiterbildung ist in der KI nicht nur für Quereinsteiger und Junioren wichtig, sondern ein laufender Prozess, da KI ständig in neue Anwendungsbereiche vordringt. Bei den Themen Softskills, Verhandlungstraining und persönliche Weiterentwicklung habe ich die besten Erfahrungen mit Coaching gemacht. Ich hatte das Glück, dass ich von meinen Arbeitgebern enorm gefördert wurde, auch zur Führungskräfteentwicklung und innerhalb sehr strukturierter Karrierepfade. In Bezug auf die Fachlichkeit: Sollte ich in einem bestimmten Themengebiet blinde Flecke haben, kann ich vor einem konkreten Meeting ein Online-Tutorial anschauen, um zumindest relevante Fragen zu stellen. Das gibt Sicherheit. Insgesamt nutze ich gerne Online-Learning, da kann ich in meinem Tempo lernen. In gleichem Maße helfen unsere internen Knowledge-Sharing Sessions und Webinare.

Was müsste sich ändern, damit IT ein attraktiveres Image für Frauen bekommt?

Die IT ist noch ein sehr männerlastiges Umfeld, insbesondere in den senioreren Rollen. In der Data Science sind allerdings einige Frauen unterwegs. In den jüngeren Generationen rücken mehr Frauen nach, weil sich die Disziplinen zunehmend vermischen und das Feld offener wird. IT ist mittlerweile die Kernkompetenz des Unternehmens, der Richtungsweiser und Impulsgeber. Dadurch verschwinden die fachlichen Grenzen ein Stück weit. **Es gibt kein Marketing, keine Produktentwicklung, kein HR mehr ohne IT**. Durch das Verschwimmen der Grenzen entdecken viele Frauen, dass es einen Platz für sie gibt. In der IT-Beratung sind persönliche Kundenkontakte, Fremdsprachen, Projektmanagement und Vertriebstalent als Skills gefragt, die insbesondere außerhalb der Studiengänge Mathematik, Statistik und Informatik zu finden sind.

Ein wichtiges Thema für Frauen sind Vorbilder, um zu sehen, dass es möglich ist, in der IT Fuß zu fassen. Es gibt viele Vorbilder erfolgreicher Frauen in Marketing oder HR. Je mehr Frauen im IT-Bereich sichtbar werden, umso mehr Frauen ziehen das für sich selbst als Karriere in Erwägung. Von außen wird die IT gerne als männliches Haifischbecken dargestellt. Ich selbst habe diese Erfahrung nicht gemacht, ich empfinde IT als divers und inklusiv. **Jeder, der selbst gegenwärtig in der IT beschäftigt ist, hat Verantwortung dafür, das Image zu verändern**. Sei es über Coding-Challenges für Mädchen oder über firmeninterne Initiativen. Gesellschaftlich und politisch wurde bereits erkannt, welche Relevanz das Thema IT im internationalen Wettbewerb hat. Kaum ein Unternehmen kann sich noch erlauben, auf dem Fleck ‚IT und Frauen' blind zu sein. Es findet bereits ein Umdenken statt, das macht mir große Hoffnung, zukünftig mehr Frauen in IT-nahen Jobs vorzufinden. Ohne 50 Prozent der arbeitenden Bevölkerung ist die Digitalisierung schlicht nicht zu stemmen.

Die Frauenquote ist nicht das Allheilmittel. Sie ist für mich nicht sonderlich wichtig, weil das Thema nicht nur top-down gelöst werden kann. Alle Maßnahmen, die bottom-up und möglichst früh ansetzen, befürworte ich hingegen sehr. Dazu gehören alle Programme, die Flexibilität und Individualität in Unternehmen ermöglichen, wie zum Beispiel flexible Arbeitszeiten, Home-Office, Sabbaticals, Erleichterungen für pflegende Angehörige. Diese Optionen müssen für Männer in gleichem Maße zugänglich sein. Frauen alleine aufgrund des Geschlechts zu fördern, ist nur eine weitere Form von Diskriminierung. Um Awareness für das vorherrschende Rollengefüge zu schaffen und es gemeinsam abzulösen, halte ich Mentorships für eine sehr geeignete Maßnahme.

Warum haben Netzwerke für Frauen einen besonderen Stellenwert?

Netzwerke sind essenziell. Ich habe die Wichtigkeit am Anfang meiner Karriere komplett unterschätzt. Die notwendigen Impulse für erfolgreiche IT-Projekte kann man gar nicht alleine setzen und verarbeiten, dafür sind die Veranstaltungen enorm wertvoll. Ich habe häufig den Eindruck, Frauen fühlen sich auf klassischen Netzwerk-Veranstaltungen eher unwohl. Oft werden jedoch da die Deals gemacht, abends an der Hotelbar. Ich empfehle nicht, sich zu zwingen oder sich maskulin zu verhalten, nur damit man Teil eines Gefüges wird, das man ohnehin nicht unterstützen möchte.

Daher habe ich die Frauen-Netzwerk-Veranstaltungen als einen sehr wertfreien, geschützten und positiven Raum für Ideen, für Brainstorming und für Support erlebt. Es sollten mehr Männer auf Netzwerk-Veranstaltungen für Frauen kommen, um zu sehen, dass dort keine Hetze gegen Männer betrieben wird. Sondern dass es eine sehr schöne, konstruktive Atmosphäre ist rund um die Themen Karriereplanung, Vereinbarkeit von Familie und Beruf sowie Technologie. Alles Themen, die in gleichem Maße für männliche Führungskräfte von Relevanz sind, spätestens wenn der Frauenanteil in deren Teams steigt. Von der Offenheit und von diesem wertfreien Raum kann die gesamte Belegschaft in einem Unternehmen profitieren.

Wie gehst du mit der Herausforderung des Selbstmanagements um?

Der Beruf des IT-Beraters ist sehr anfällig für das ‚always-on'. Wenn man mehrere Projekte und ein Team leitet, ist es manchmal schwer, Abstand zu finden. Urlaub nehmen fiel mir lange schwer. Da dürfen die Firmen gerne noch mehr Hilfe bereitstellen, weil gutes Selbstmanagement für viele Berufsanfänger eine Herausforderung ist. Derweil ist das Management der eigenen Zeit genauso wichtig wie fachliche Aspekte des Berufs. Ansonsten überrollt einen die Vielzahl an Informationen, Themen und Terminen und die Qualität leidet. Insbesondere im Home-Office muss man lernen, zu priorisieren und sich effizient zu strukturieren. **Je mehr Freiheiten wir haben, desto mehr Verantwortung müssen wir für uns selbst übernehmen**, abzuschalten und wohltuende Auszeiten für uns zu gestalten. Präsenz im jeweiligen Moment zu haben, hat einen enormen Stellenwert für mich, weil man andernfalls aufgrund der Reizüberflutung Probleme bekommt. **Was ich mache, mache ich zu 100 Prozen**t – das gilt ebenso für die abendliche Erholung. Gut vorzuplanen und sich eigene Prioritäten zu verdeutlichen, nimmt viel Stress raus.

Welche Herausforderungen siehst du darin, heute als Frau Führungskraft in der IT zu sein?

Meine Erfahrungen sind bis dato sehr positiv. Es macht mir wahnsinnigen Spaß, in einem tech-getriebenen Umfeld die Führungsthemen, die nicht nur mit fachlicher, sondern auch viel mit persönlicher Entwicklung zu tun haben, mit meinem Team gemeinsam zu definieren. Das erfüllt mich. Ich wollte seit jeher Führungskraft sein, das war von Anfang an mein Ziel. Vielleicht kommt da ein wenig der Lehrer-Hintergrund meiner Eltern durch, Wissen gerne weiterzugeben. Es macht mir Freude, Mitarbeiter auf ihrem Weg zu begleiten und gemeinsam schwierige Situationen zu meistern. Gleichzeitig finde ich großen Spaß darin, selbstständig zu arbeiten und das Umfeld zu gestalten. Es geht heute nicht mehr um Kontrolle, Regeln und Disziplin. Bei uns sind alle Mitarbeiter komplett selbstständig in ihrer Zeiteinteilung. Im Prinzip suchen sie sich ihre Führungskraft ein Stück weit aus.

Was sind deine besten Tipps für Frauen, die sich für IT interessieren?

Wenn man sich unsicher ist, zunächst im Bekanntenkreis umhören und Frauen aktiv in den Netzwerken anschreiben, welche Erfahrungen sie gemacht haben. Es ist wichtig, sich da zu trauen, in Kontakt zu treten und nachzufragen. Und dann mutig zu sein, den ersten Schritt gehen, selbst wenn das vollständige Ziel noch nicht erkennbar ist. Das findet man oftmals erst hinterher. **Daher ist neben dem Netzwerk vor allem der Glaube an sich selbst wichtig**.

Danke für die Insights in deine Tätigkeit!

5. Vorbild für andere sein: Maja Hadžiselimović, Mechatronik Ingenieurin @ MRK-Systeme

Maja Hadžiselimović, Mechatronik Ingenieurin, MRK-Systeme GmbH, GBS German Bionic Systems GmbH & IT Girls Project Officer, UNDP Bosnia and Herzegovina; Bildrechte: Marijana Bicvic

Über mich: Ich bin Robotik-Ingenieurin und arbeite in der Automobilindustrie. Ich teile Robotik- und Automobilerfahrungen und motiviere junge Leute, vor allem Mädchen, in der Robotik und im IT-Umfeld aktiv zu werden. Des Weiteren arbeite ich als nationaler Koordinator und Vorstandsmitglied der euRobotics für die Europäische Robotik Woche in Bosnien-Herzegowina, dort organisiere ich Events und fördere Institutionen und Unternehmen, die sich auf Robotik konzentrieren. Diese versuchen, die MINT- und Robotikforschung der Öffentlichkeit zugänglich zu machen. Ich bin Mitglied des IT Girls-Teams, einer gemeinsamen Initiative von UNDP, UNICEF und UN Women, die darauf abzielt, die Zahl der Mädchen und Frauen mit digitalen Kenntnissen in Bosnien und Herzegowina zu erhöhen.

Kontakt:
LinkedIn: https://bit.ly/2TXYKjN
Xing: https://bit.ly/2XkIaN1
Instagram: https://bit.ly/2MjRwlQ

Liebe Maja, was macht man als Roboter-Ingenieurin und wie kamst du zu diesem Beruf?

Meine Hauptaufgabe ist es, Roboter zu programmieren und mit verschiedenen Elementen zu verbinden, sodass wir für unsere Kunden definierte

Aufgaben automatisieren beziehungsweise schneller und besser machen. Zuerst erstellen wir dafür eine Machbarkeitsstudie, in der wir entscheiden, ob für diese Aufgabe ein Roboter in Frage kommt. Dann wird nach konkreten Standards programmiert, sodass für den Menschen keinerlei Risiko bei einer Zusammenarbeit besteht. Das ist dann Industrie 4.0, bei der Mitarbeiter Hand in Hand mit Robotern arbeiten. Der Vorteil ist, dass der Roboter die schwere Arbeit übernimmt und der Mitarbeiter interessantere Aufgaben übernehmen kann, als schwere Teile von A nach B zu tragen und sich schlimmstenfalls noch zu verletzen. Diese Zusammenarbeit nennt sich Mensch-Roboter-Kollaboration.

Aktuell arbeite ich als Roboter-Ingenieurin bei MRK-Systeme GmbH in Augsburg und bin dort hauptsächlich für die Mensch-Roboter-Kollaborationen-Zellen in der Automobilindustrie zuständig. Zu MRK kam ich durch ein Auslandspraktikum, das durch die Studentenorganisation AIESEC ermöglicht wurde. Zuvor habe ich mein Bachelorstudium in Bosnien-Herzegowina absolviert, ein Erasmus-Stipendium bekommen und in Slowenien und Serbien studiert. Nach dem Praktikum bekam ich das Angebot, zu bleiben und nun bin ich seit 2015 in Deutschland. Als Roboter-Ingenieurin kann ich Erfahrungen sammeln und habe wunderbare Chancen, verschiedene Technologien kennenzulernen und mich mit der Automobilwirtschaft zu beschäftigen. Was mich sehr interessiert, ist, wie sich dieses Thema in den nächsten Jahren weiterentwickeln wird. Es gibt viele Zweifel an der Zusammenarbeit zwischen Mensch und Roboter. Ich möchte gerne aufzeigen, dass eine Kollaboration möglich und sinnvoll ist.

Du engagierst dich sehr für Kinder in Bosnien, erzähle uns davon.

Die Arbeit mit Kindern macht mich sehr glücklich. Mit Kindern ist es sehr leicht; entweder ein Thema ist interessant oder nicht. **Es gibt keine dritte Möglichkeit; sie sagen schlicht, was sie denken**. Ich teile mit ihnen gerne meine Erfahrungen und erkläre, was eine Roboter-Ingenieurin macht und was ein Roboter ist. Als ich damals im Gymnasium war, wusste ich lange Zeit nicht, was ich nach der Schulzeit machen wollte. Glücklicherweise war mein Vater Elektrotechniker und hatte großen Einfluss auf mein Leben. Mich hat es stets fasziniert, wie er einen defekten Fernseher wieder zum Laufen brachte. Nicht viele Mädchen haben solch einen familiären Einfluss. Viele wissen nicht, was sie mit ihren Talenten anfangen können. Die Unterstützung von Eltern und Freunden war und ist für mich sehr wichtig. Jetzt bin ich in der glücklichen Situation, dass ich helfen und einen Denkanstoß liefern kann. Das war die Grundidee für die Workshops in Bosnien. Zusammen mit der

Initiative European Robotics Week bringen wir Kindern und Erwachsenen das Thema Robotics näher; für Bosnien bin ich die nationale Koordinatorin. 2019 habe ich für 40 bosnische Schüler einen Schulausflug nach Augsburg organisiert und wir haben MRK und KUKA besucht. Viele dieser Kinder hätten andernfalls nie die Möglichkeit gehabt, nach Deutschland zu fliegen. Es war ein tolles Event! Wenn ich damit zumindest erreichen kann, dass einige Schüler mit dem Gedanken spielen, nach der Schule ein STEM Studium zu machen, dann lohnt es sich.

Hast du dich als Frau im IT-Bereich häufig benachteiligt gefühlt?

Es gab verschiedene Situationen, in denen ich mich nicht wohl gefühlt habe. Angefangen mit der Situation, als ich meinen Bekannten erzählte, dass ich Elektrotechnik studieren möchte. **Das haben mir viele Menschen nicht zugetraut, diese Tatsache war für mich jedoch eher eine zusätzliche Motivation**. Im Studium war ich die einzige Frau. Am ersten Tag stand ich im Hörsaal und ein Kommilitone fragte mich, ob ich mir sicher bin, hier richtig zu sein. **Ich dachte, es sei Zufall, dass ich die einzige Frau im Studiengang bin**. Erst als ich anfing zu arbeiten, ist mir aufgefallen, wie wenige Frauen es im IT-Bereich gibt.

Stereotypen sind in diesem Umfeld sehr verbreitet. Oft werde ich gefragt, ob ich bereits einen Roboter programmiert oder von Mechatronik gehört habe. Auf Messen wollen die Besucher häufig mit dem Verantwortlichen für den Roboter sprechen. Dass ich diese Person bin, verstehen die meisten nicht. Früher habe ich mich oftmals nicht getraut, etwas zu sagen. Mittlerweile bin ich sehr direkt und stelle freche Gegenfragen. Oftmals muss ich lauter oder in einem anderen Ton sprechen, damit Kollegen mich ernst nehmen. Erst vor Kurzem kam ein Projektleiter auf mich zu und fragte nach einer privaten Einweisung für ein spezielles Thema. Einen männlichen Kollegen hätte er das nicht gefragt. Blöde Kommentare gehören durchaus zum Alltag. **Gleichzeitig sind auch wir Frauen in der Verantwortung, ein Umdenken einzuleiten**. Wir müssen alles, was uns stört, laut und ohne Angst zum Ausdruck bringen. Und wir müssen andere um uns herum motivieren, die Perspektive zu ändern und die Vorurteile loszulassen.

Wie können junge Frauen auf IT-Berufe aufmerksam gemacht werden?

Man kann es nicht sein, wenn man es nicht sehen kann. Wir sollten erstaunliche Ingenieure und ihre Arbeit fördern, damit junge Mädchen und Frauen verstehen, dass sie alles sein können, was sie wollen. Wir brauchen mehr Frauen als Role Models, die aufzeigen, dass Ingenieure oder

Softwareentwickler nicht nur im Keller sitzende Männer sind, die keine Freunde haben. **Es gibt starke, selbstbewusste und schöne Frauen, die den gleichen Beruf ausüben.** Ich hatte das große Glück, Frau Ruth Maria Otto als Mentorin zu haben, als ich nach Deutschland kam. Für mich als junge Ingenieurin bedeutete es sehr viel, ihre Tipps zu hören und von ihr zu lernen. Junge Frauen sollten sich fragen, ob sie einen Beruf wegen der vorherrschenden Stereotypen nicht ausüben oder weil er sie tatsächlich nicht interessiert. Denn solange das Interesse da ist, kann man alles lernen. Wir müssen präsent sein, um sie bei ihren Entscheidungen zu unterstützen. Wir wissen nie, wann und wie unsere Worte andere inspirieren und motivieren können. **Wir müssen nicht perfekt sein, aber zumindest können wir ein Vorbild für andere sein.**

Herzlichen Dank für die spannenden Einblicke!

- - - - - - - - - - - - -

Die nachfolgende Grafik verdeutlicht, dass Frauen in der Wissenschaft und Lehre – nicht nur in MINT-Studiengängen – noch keine Selbstverständlichkeit sind. Auch in diesem Umfeld zeigt sich: Interesse und Fähigkeit sind vorhanden, dennoch sind Frauen weiterhin in den höheren Ebenen unterrepräsentiert. Nicht nur deshalb haben wir uns sehr auf das spannende Interview mit Sarah Kochs-Schädlich gefreut.

Anteil Frauen an…	**2017**	**1992**
Erstimmatrikulationen	50,8 %	43,3 %
Studienabschlüssen	51,2 %	39,6 %
Promotionen	44,8 %	28,9 %
Habilitationen	29,3 %	12,9 %
Professuren	24,1 %	6,5 %
Nach: Gemeinsame Wissenschaftskonferenz (2019): Chancengleichheit in Wissenschaft und Forschung, S. 8 (Auszug)		

- - - - - - - - - - - - -

6. Frau zu sein ist kein Handicap: Sarah Kochs-Schädlich, Head of Scoring, Rating & IRBA Parameter Estimation @ Santander Consumer Bank

Sarah Kochs-Schädlich, Mathematiker & Head of Scoring, Rating & IRBA Parameter Estimation, Santander Consumer Bank AG

Über mich: Mein Name ist Sarah, ich bin Mathematiker und Naturliebhaber, beides aus voller Überzeugung und Leidenschaft. Meine Umwelt beschreibt mich als energiegeladen. Ich nehme sehr gerne Herausforderungen an, bin neugierig und springe schon mal ins Ungewisse. Mut und Neugierde haben mich auch durch mein Studium und mein Berufsleben getragen. Die unbedingt notwendige Konstanz und das Durchhaltevermögen schöpfe ich aus der tiefen Verbundenheit zur Natur und meiner Familie. Frau zu sein ist weder ein Privileg noch ein Handicap. Aus diesem Grund erhoffe ich mir keine Sonderrollen und -regeln, sondern ein selbstverständliches Miteinander.

Kontakt:
LinkedIn: https://bit.ly/2MgKcrd
Xing: https://bit.ly/36PV8Wj

Liebe Frau Kochs, Sie haben spannende Aufgaben in der Bankenwelt, die Auswirkungen auf uns alle haben können. Womit beschäftigen Sie sich?

Meine berufliche Laufbahn habe ich mit einem Mathematik-Studium mit Schwerpunkt VWL und Interessensschwerpunkt Informatik begonnen. Ich bin nach Ende des Studiums noch fünf Jahre an der Uni geblieben und habe Mathematik für Ingenieure gelehrt. Dann wurde ich von Santander abgeworben, um Aufgaben in der Parameterschätzung für die Kapitalunterlegung zu übernehmen. Mittlerweile bin ich seit 13 Jahren bei Santander und leite eine Abteilung, deren Schwerpunkt auf Scoring- und Rating-Modellen sowie den IRB-Schätzverfahren liegt. Wir beschäftigen uns mit Data Mining, haben einen hohen Datenbezug und somit eine sehr enge Schnittstelle zur IT. Um für die abstrakte Modellwelt ein alltägliches Beispiel zu geben: Wenn Amazon bei einem Kauf mögliche weitere Produkte vorschlägt, steckt dahinter ein mathematisches Modell. Wie lange ich auf der Internetseite war, wie lange der Zeiger rechts oben war, wie lange der Zeiger links unten war, wie langsam ich gescrollt habe. Im Idealzustand könnte ich als Analyst auf perfekte Daten zurückgreifen. Das ist in der Realität nicht der Fall. Die intensiven Analysen bringen Mathematik und Informatik dann sehr nahe zueinander, so dass die Grenzen verschwimmen.

In der Grundschule war ich allerdings eine Katastrophe in Mathematik, Kopfrechnen ist heute noch nicht meine Stärke. Mein Interesse kam später. Je analytischer die Mathematik wurde und je mehr sie mir das Gefühl gab, eine ausdrucksstarke, klare, weltweit einheitliche Sprache der Naturwissenschaften zu sein, umso spannender wurde es. Der rein logische Aufbau mit Grammatik, Vokabeln und Regeln hat mich ab der Oberstufe total fasziniert.

Wie hat Ihre Familie reagiert?

Für meine Mutter war es schlicht ein Beruf, sie war demgegenüber sehr offen, es sollte mir Freude machen. Mein Vater war tief enttäuscht, dass ich kein Ingenieur geworden bin, weil er selbst einer war. Das konnte ich wieder gut machen, indem ich später die Ingenieure in Mathematik unterrichtet habe. Technik war in meinem Elternhaus stets ein Thema. Ich erinnere mich an ein großartiges Erlebnis aus meiner Kindheit, als mein Vater den Lichtschalter einer antiken Lampe reparierte. Als ich neugierig war, durfte ich mit ihm diesen Schalter aufschrauben. Ich bekam sogar meine eigene Lüsterklemme und durfte dort selbst spielerisch Kabel zusammenklemmen, damit das exakt so aussah wie in dem Lichtschalter. Dafür waren meine Eltern offen und wir durften bei allem mitmachen, meine Schwester und ich. Da war es irrelevant, ob Mädchen oder Junge: Wenn du Spaß hast, mache mit.

Letztendlich sollte der Beruf Leidenschaft hervorrufen und uns erfüllen. Wenn eine Aufgabe keinen Spaß macht, machen wir sie widerwillig. Insbesondere wenn man überlegt, wie viel Zeit das Arbeitsleben heute einnimmt und wie sehr es mit dem Privatleben vermischt ist. Leidenschaft ist sehr wichtig; neugierig sein und experimentieren dürfen. Davon können Eltern ihren Kindern gar nicht genug mitgeben: Spannung erzeugen, auf Dinge aufmerksam machen. Diese nervigen Warum-Fragen nicht im Raum stehen lassen, sondern die Kinder zu Experimenten ermutigen. Denn **Misserfolg ist auch ein Erfolg**, weil man weiß, wie es nicht geht. Das ist fürs Leben wichtig und das ist in besonderem Maße in technischen Dingen wichtig.

War Ihr Umfeld ebenso offen und aufgeschlossen?

Ich bin sehr ländlich aufgewachsen. Der klassische Werdegang eines Mädchens war die Ausbildung in der Bank. Wobei der Beruf nur das Backup war. Für meine Mitschüler schien der Weg klar: Schule, Ausbildung, Familie gründen. Was dann gleichbedeutend damit war, den Job aufzugeben. Ich bin mit dem Mindset aufgewachsen: Mache das, was du tust, mit Leidenschaft, dann ergibt sich schlussendlich die Vereinbarkeit mit der Familie. Ich habe eine Zahl gehört, dass **85 Prozent der Deutschen und Amerikaner nicht mit Leidenschaft ihren Beruf verfolgen**. In Japan sind es sogar 90 Prozent. Das ist furchtbar. Selbst 60 oder 70 Prozent wären zu viel. Man führe sich vor Augen, dass diese leidenschaftslosen Menschen eigene und fremde Kinder fürs Leben prägen.

Gab es prägende Erlebnisse auf Ihrem Weg?

Während des Studiums habe ich tatsächlich nicht wahrgenommen, dass es einen minimalen Frauenanteil gibt. Das war mir nicht präsent, bis ich darauf angesprochen wurde. Meine beste Freundin lernte ich dadurch kennen, dass wir beide in einem Hörsaal voller Männer saßen. Wir hatten beide den Eindruck, dass seien mehrheitlich Idioten, unsympathische Menschen. Wir fanden uns gegenseitig aber auf Anhieb sympathisch. Sie ist bis heute der mir engst vertraute Mensch, denn das war eine einschneidende Erfahrung. Später habe ich die Unterschiede bewusster wahrgenommen. In Studium und Lehre unterscheidet sich der Frauenanteil deutlich von Studiengang zu Studiengang. In der Architektur ist er größer, im Bauingenieurwesen nimmt er ab. In der Elektrotechnik ist er noch kleiner und im Maschinenbau ist er dann verschwindend gering.

Mein Anspruch an mich war dennoch, kein Außenseiter zu sein, sondern ein neutrales Mitglied der Gesellschaft, ohne diese Sonderstellung ‚Frau'. So habe ich das für mich erlebt. **Ich hatte nie massive Nachteile wegen meines Geschlechts**. Ich hatte nie den Eindruck, dass ein Mann protegiert wurde und ich nicht. Umgekehrt hatte ich ebenso wenig den Eindruck, als Frau verstärkt gefördert zu werden. Ich weiß gar nicht, ob ich mich dem nicht sogar verwehrt hätte, da bin ich ein bisschen stur. Schwierig hatten es in der Studienzeit vor allem die ‚typischen' Frauen. Eine Studentin äußerte, sie habe Geometrie schon immer gehasst und das sei nichts für Mädchen. Da war ich völlig fassungslos, dann wählt man doch keinen Ingenieur-Studiengang. Eine andere teilte mit, sie habe sich einen männlich dominierten Studiengang ausgesucht, um einen Mann kennen zu lernen. Das waren und sind Ausnahmen. Gleichzeitig sind es leider die Ausnahmen, die man sich merkt. In der Lehre habe ich viele Bauingenieure bis in die oberen Semester und Abschlussarbeiten begleitet. Mir ist deutlich in Erinnerung, dass Frauen von Anfang an sehr klare Vorstellungen und Pläne über ihren weiteren Werdegang hatten. Das war bei den Männern nicht in gleichem Maße ausgeprägt, die haben da sehr nach Neigung entschieden.

Was könnte man im Schulsystem ändern?

Es fängt an mit der gesellschaftlichen Haltung, dass Wissen, Intelligenz und vor allem Neugierde gefördert werden. Manche Aussagen in den Medien sind schlicht peinlich. Da gibt es Bücher mit dem Titel ‚Mathe ist ein A…'. Solange das Karriere macht, solange die Mehrheit unserer Gesellschaft diese Aussagen cool findet, ist es schwierig, Menschen für technische Aufgaben oder Berufe zu begeistern. Daneben gibt es Menschen, die extrem zurückhaltend und schüchtern sind und sich nicht trauen, etwas auszuprobieren. Insbesondere im technischen Umfeld sind eher introvertierte Schüler beziehungsweise Mitarbeiter zu finden. Möglicherweise sind für diese Menschen kleinere Klassengrößen interessant, um in einem geschützten Umfeld zu experimentieren, ohne bloßgestellt zu werden. Hier habe ich sehr positive Erinnerungen an meine Schulklasse in einer ehemaligen Nonnen-geführten Mädchenschule. Es war anders, man hatte weniger Angst, sich zu blamieren, denn es gab kein Imponiergehabe. Ich habe den Eindruck, dass sich heute einige Schüler vor allem Gedanken über die Mitschüler und deren Meinung machen.

Diesen geschützten Bereich habe ich bei meinem Einstieg bei Santander vorgefunden. Vor allem deshalb, weil es beinahe ausschließlich Mathematiker, Physiker und Informatiker waren. Man hatte die gleichen Interessen, man hatte die gleichen Ideen. Das war rückblickend wie eine Art Reservat. Die Schnittstellen zu den anderen Teams und damit die Notwendigkeit, eine andere Sprache zu sprechen, kamen erst später. **Das wäre meine Empfehlung: beim Einstieg mit dem anzufangen, was einem liegt**. Es gibt Dinge, die kann man ausgesprochen gut, und deswegen wird man (hoffentlich) eingestellt. Darauf sollte man sich konzentrieren. Ich gehe nicht zum Zahnarzt, wenn ich die Haare geschnitten haben will. Frauen haben oftmals das Bild, sie müssten sich beweisen und alles doppelt so gut können... nein. Ich habe bei keinem Mann verspürt, dass er diese Erwartung an mich hatte.

Santander wird von einer Frau geführt, ist das ungewöhnlich?

Ich kann nicht für 3 000 Mitarbeiter sprechen, ich kann für das Ressort Risiko sprechen, da ist Diversity selbstverständlich. Beinahe im Gegenteil, viele Frauen empfinden die Diskussion darum beinahe lästig. Es ist so selbstverständlich, weil wir den Fokus auf Qualifikation und Leistung legen. Dass es nicht allen Frauen so ergeht, weiß ich aus Erzählungen. Ich kenne die Geschichten meiner Schwester, wenn sie als Bauleiterin auf eine Baustelle kommt. Da sieht der sechzigjährige Vorarbeiter sie trotzdem als das kleine Mädchen. Aber auch sie sagt, das nimmt mit den jüngeren Generationen ab. Es braucht eine Zeit, um den Frauenanteil in Unternehmen zu steigern, angefangen bei einer höheren Bewerbungsquote. Das heißt, es müssen mehr junge Mädchen davon überzeugt werden, dass Physik nicht dröge ist, sondern spannend. Und das fängt im Elternhaus an, hier muss Neugierde geweckt werden. **Dann wünsche ich mir Mathe-, Physik-, Chemie-Lehrer mit Herzblut und Leidenschaft**. Wenn es da die Vorbilder gibt, die den Unterricht mit Medien und aktuellen Ereignissen verbinden und digital präsentieren, dann erreichen wir die Schüler.

Ich würde gerne mehr erfahren über Ihre Rolle als Führungskraft.

Ich bin seit acht Jahren Führungskraft und aktuell sind es elf Mitarbeiter. Als ich die Rolle bekam, wurde mir ein Führungskräfte-Seminar angeboten. Da gab es tolle Tricks und Tipps, es war nur viel zu viel Input, ich war völlig überfordert. Im Alltag sitzt kein Lehrbuch vor mir und kein Exemplarfall, sondern ein Mensch mit individuellen Bedürfnissen und mit einer individuellen Geschichte. Wenn ein Mitarbeiter volle Aufmerksamkeit braucht, muss ich bereit sein, zuzuhören, voll und ganz zuzuhören und nicht nur mit offenen Augen dasitzen, sondern das Gesagte zugleich ankommen lassen. Dieses Ankommen-lassen, das gebe ich zu, erfordert Zeit, die man sich nehmen muss. Ich beschreibe meinen Führungsstil gerne als rheinländisch. Meine spanischen Kollegen sagen, ich hätte keinen typisch deutschen Stil. Ich bin emotional, weiß jedoch, wo Emotionen ihre Grenze haben und wo man sachlich bleiben muss. Wenn ich ärgerlich bin, dann spürt das jedermann in meinem Umfeld. Es wissen gleichzeitig alle, worauf ich ärgerlich bin und was mich gegenwärtig erfreut. **Führungskraft zu sein ist zunehmend ein Balance-Akt**. Meine Mitarbeiter arbeiten sehr engagiert und gestalterisch. Diesen kreativen Geist kann ich nicht in Raster packen. Also muss er innerhalb gegebener Grenzen und Schranken möglichst frei arbeiten. Diese Schranken sind individuell zu definieren, daher muss ich den Charakter des Mitarbeiters kennen.

Für meinen Austausch als Führungskraft habe ich tolle Kollegen an meiner Seite, mit denen ich im Lauf der Zeit eine persönliche Bindung aufgebaut habe. Ich kann mich frei austauschen und bekomme offenes Feedback. Das machen wir zum Beispiel recht locker beim Mittagessen. Es tut sehr gut, dass ich einen ‚Verbündeten' habe. Jemanden, der zwar das Unternehmen, allerdings nicht zwingend meine Mitarbeiter kennt. **Man ist als Führungskraft nicht perfekt**. Man hat gute, man hat schlechte Tage. Ich habe einen hohen Anspruch an mich selbst, auch als Führungskraft. Ein gesundes Maß an Toleranz und Kontrolle war schwierig zu lernen.

Wohin geht die Reise mit Blick auf das Thema Künstliche Intelligenz?

Viele Vorgänge können heute bereits automatisiert werden. Zum Beispiel Emails öffnen, Daten auslesen, in einer Tabelle erfassen und analysieren. Der Schritt zur KI ist da nicht groß. Das ist sehr spannend. Elon Musk forscht an einer Art KI, die mit Hilfe von Gedanken Geräte steuern kann, also Gedanken ‚lesen' kann. Super genial. Das macht mich sehr neugierig. Künstliche Intelligenz auf dem medizinischen Sektor macht mir ein bisschen Angst. Das gerät nämlich sehr schnell in die falschen Hände. Ich bin fest davon überzeugt, dass wiederholende Tätigkeiten vollkommen durch KI abgelöst werden. Für Menschen wie mich ist das toll, weil ich mich nicht mehr mit langweiligen Routinen beschäftigen muss. Allerdings haben mathematische Modelle ebenfalls Schwächen. Es ist wichtig, ebenso die Schwächen beziehungsweise Fehler zu kennen, denn nur dann ist eine korrekte Interpretation möglich.

Besten Dank für das Gespräch!

Die Bewerbungsunterlagen – Tipps von Sabrina

Viele engagierte Frauen – sowohl zu Beginn ihrer beruflichen Karriere, als auch beim nächsten Karriereschritt als Fach- oder Führungskraft – bewegt vor allem die ‚richtige' Bewerbung: die Dos and Don`ts, die ungeschriebenen Gesetze, die Must-Haves. Daher an dieser Stelle einige Tipps zusammengefasst:

Saubere **Optik** und klare Struktur: hier kommt es auch auf die Details an. Spalten sind nie verschoben, Aufzählungszeichen und Datumsformate immer gleich, es gibt keine Lücken und keine irrelevanten Angaben. Wer so gar kein Händchen für gutes Design hat, nutzt eine Word-Vorlage, eine einfache Google-Suche findet ausreichend Vorlagen für alle Fach- und Führungspositionen. Alternativ finden sich Vorlagen bei www.lebenslauf.de, www.etsy.com oder ihr holt euch professionelle Hilfe, z. B. bei www.die-bewerbungsschreiber.de. Auch ein Coach kann hier wertvolle Tipps geben.

Eine Bewerbung bezieht sich dabei immer auf die jeweilige **Ausschreibung** und Position. Nimm dir Zeit, zu verstehen, nach welchen Stichworten der Leser Ausschau halten wird. Auch die Webseite des Unternehmens wird dir Hinweise geben: Was kennzeichnet die Branche, auf was ist das Unternehmen besonders stolz? Möglicherweise kennst du einen direkten Ansprechpartner im Unternehmen, der dir etwas über die Kultur erzählen kann.

Der Lebenslauf zeigt dabei klar auf, wie du dem Unternehmen zu mehr Erfolg verhelfen kannst. Denn genau danach sucht es – nach einer **Lösung** für dessen Problem. Stelle also heraus, welche Erfahrungen und Errungenschaften deiner bisherigen Positionen zu deren Erfolg beitragen können. Worauf du Bezug nimmst, verrät auch etwas über deine Persönlichkeit. Es ist ein Unterschied, ob du den Fokus auf Zahlen, Daten und Fakten legst – zum Beispiel, dass du die Umsätze um x% steigern konntest oder das Projektbudget um x% unterschritten hast. Oder ob du die Stakeholder-Kommunikation und die Kundenzufriedenheit in den Vordergrund stellst. Lass in jedem Fall deine **Persönlichkeit** durchscheinen. Unternehmen wollen keine Roboter, sondern leidenschaftliche Mitarbeiter, die Unternehmensziele mit persönlichen Werten und Motivatoren in Einklang bringen können. Bei aller Professionalität darfst du Ecken und Kanten haben. Und eine Absage sagt rein gar nichts über deine Wertigkeit aus. Es hat lediglich nicht gepasst, dafür kann es Gründe geben, die nicht in deinem Einflussbereich liegen.

Zu guter Letzt: eine Bewerbung ist der klassische Weg, um auf sich aufmerksam zu machen. Eine eigene Webseite, Videos oder Flyer haben sich noch nicht flächendeckend durchgesetzt. Weitaus vielversprechender ist es, bereits im Vorfeld Kontakte zu knüpfen und das Netzwerk auszubauen. Denn nicht alle Stellen werden über eine Ausschreibung vergeben und so manche Stelle wurde für einen Bewerber neu kreiert. Ich kann an dieser Stelle keine umfangreiche Darstellung aller relevanten Punkte geben, es gibt aber zahlreiche Bewerbungsratgeber im Netz. Sollten Fragen offenbleiben, wendet euch gerne an mich.

Das Bewerbungsgespräch – Tipps von Sandrine

Eine Einladung zum Bewerbungsgespräch ist der zweite wichtige Schritt in die Richtung einer neuen Jobgelegenheit. Es bedeutet, dass der Lebenslauf weiteres Interesse geweckt hat und der Arbeitgeber dich persönlich kennenlernen möchte. Oftmals findet das erste Bewerbungsgespräch telefonisch oder per Video statt, dabei ist es wichtig die Basics zu kennen: ein **gepflegtes Äußeres** und ein Businessoutfit, je nach Unternehmen, sind essenziell. Denn der erste Eindruck prägt das gesamte Gespräch. Sei vorbereitet und mach dir bewusst, in welcher Branche der potenzielle Arbeitsgeber tätig ist, welche Produkte verkauft werden, wie die Unternehmenskultur gelebt wird. Und stelle **Fragen**! So zeigst du, dass du ein ehrliches Interesse an dieser Position hast.

Bei einem persönlichen Gespräch vor Ort spielen die genannten Fakten eine noch größere Rolle. Visitenkarten sind ein schönes nice-to-have, aber heutzutage nicht mehr ausschlaggebend. Viel wichtiger sind dein Erscheinungsbild, ein authentischer Handschlag (nicht in Zeiten von Corona) und eine gewisse **Vorbereitung**. Erinnere dich an die Namen deiner Interviewpartner und benutze diese. Sei **mental zu 100%** da und konzentriere dich auf das Gesagte. Es geht nicht darum, jede Frage korrekt zu beantworten, es geht um den Mehrwert, den du einbringen kannst und wie du schwierige Fragen handhabst. Verfall nicht in Nervosität oder Panik, sondern denke rational. Und das Wichtigste: Sei du selbst. Denn wenn nicht, dann kann eine gemeinsame zukünftige Zusammenarbeit mühselig werden.

Wenn es um eine Position im IT-Bereich geht, können auch Personalberater in verschiedenen Themen behilflich sein; einige sind auf die Vermittlung von IT-Experten spezialisiert. Diese helfen dir bei der Aufbereitung deines CVs, der Auswahl der passenden Firmen und der Vorbereitung auf das Interview. Je persönlicher und enger die Beratung sein soll, desto ratsamer ist es, eine etwas kleinere Personalberatung auszuwählen. Dein Wissen und Können sind einzigartig und genauso exklusiv solltest du dich auch verkaufen.

7. Das Jammertal ist kein Ort für Performer (Expertenbeitrag): Anna Rossi, Geschäftsführende Gesellschafterin @ Business Kollektiv

Anna Rossi, Geschäftsführende Gesellschafterin, Business Kollektiv GmbH; Bildrechte: Business Kollektiv

Über Anna Rossi: Anna Rossi ist Geschäftsführerin des Business Kollektivs, der innovativen New Work-Academy, sowie Herausgeber von Businesstalks und Communityformaten. Das Business Kollektiv ist Vorreiter in der Entwicklung nachhaltiger, digitaler Konzepte, die Nutzer on-the-Job in die Umsetzung bringen. Zu unseren Communityformaten zählen der Podcast AM PULS, die FEMALE SPEAK UP NIGHT und einer der innovativsten Business Clubs Deutschlands – das FEMALE KOLLEKTIV, das sich durch hochkarätige Talkgäste und Mentoren aus Wirtschaft und Gesellschaft auszeichnet. Hierzu zählen unter anderem Dagmar Wöhrl, Investorin und Politikerin; Wiebke Schodder, Sixx-Senderchefin; Michaela Peisger, CFO KMPG AG; Andrea Rexer, Ressortleiterin Handelsblatt. Anna Rossi ist Autorin des Amazon Bestseller ‚Bullshit, an den nur Frauen glauben'. Zuvor war sie unter anderem in der Geschäftsführung von BurdaDirect bei Hubert Burda Media tätig. Ihre Motivation ist es bei allen Aktivitäten, Formate zu entwickeln, die Menschen in der Praxis in die Umsetzung bringen und echte Veränderung vorantreiben.

Kontakt:
Website: www.femalespeakupnight.de
LinkedIn: https://bit.ly/3gQvaXo
LinkedIn: https://bit.ly/2zQTwzn
Xing: https://bit.ly/36M3VZc
Instagram: https://bit.ly/3gCrkRD
Facebook: https://bit.ly/2ZV5v9W

Liebe Anna, dein Buch heißt ‚Bullshit, an den nur Frauen glauben'. Was ist aus deiner Sicht der zentrale Punkt?

Der zentrale Mythos ist: Fleiß wird belohnt, daran glauben nach wie vor sehr viele Frauen. Wir werden nicht befördert oder gelobt, wenn wir 12 Stunden pro Tag im Büro sitzen, der Chef aber keine Ergebnisse sieht. Denn er weiß nicht, was ich den gesamten Tag tue und wird es nicht über den Flurfunk mitbekommen. Deswegen müssen wir über unseren Outcome reden und unsere Leistung und deren Bezug zu den Zielen sichtbar machen. In ‚Bullshit, an den nur Frauen glauben' zeige ich in zehn Kapiteln die meiner Meinung nach größten Mythen auf, die uns Frauen in der Karriere im Weg stehen. Natürlich provoziere ich damit gezielt, denn ich möchte Frauen aufrütteln und zeigen, dass wir aktiv Situationen verändern können.

Müssen sich Frauen stärker engagieren für mehr Gleichberechtigung oder sind die Unternehmen in der Pflicht, Verantwortung zu übernehmen?

Ich sehe das sogar als Dreieck. Ein starker Faktor sind wir Frauen selbst, dann gibt es den Bereich der Unternehmen und den öffentlich-gesellschaftlichen Bereich, in dem Politik, Verbände und Netzwerke eine Rolle spielen. Alle drei Parteien haben noch sehr viel Potenzial, sich für die berufsbezogene Frauenförderung einzusetzen, zum Beispiel bei Themen wie der Vereinbarkeit von Familie und Beruf. Auf der anderen Seite befürworte ich es, da zu beginnen, wo ich selbst am meisten bewirken kann. Daher ist es mir enorm wichtig, unsere Businesstalks oder meine Texte auf eine pragmatische Ebene herunterzubrechen. Und dabei den eigenen Beitrag der Zuschauer und Leser in den Vordergrund zu stellen.

Selbstredend ist es in gleichem Maße wichtig, dass sich Unternehmen verändern und dass sich Führungskräfte für ein besseres Verhältnis im Team einsetzen und Frauen integrieren. Doch das sind Stellschrauben, die Jahre brauchen. So lange möchte ich nicht warten. **Das Jammertal ist kein Ort für Performer**. Zu oft fällt mir auf, dass Probleme im Fokus stehen. Das bringt uns alles nicht weiter. Es gibt viele Lösungen, wenn man sich intensiv mit der

Situation auseinandersetzt, sich mit anderen austauscht, sein Mindset ändert und in die Umsetzung kommt. **Frauen fällt es häufig schwerer, eigene Leistungen und Erfolge sichtbar zu machen** oder zu sagen, was man tatsächlich möchte. Es geht darum, für mich selbst zu wissen und zu entscheiden, was mir wichtig ist und wie ich das umsetzen kann.

Gibt es in der Denkweise zwischen Männern und Frauen große Unterschiede?

Das kann ich definitiv bejahen. Wir kennen es aus dem täglichen Leben, dass unser Partner völlig anders denkt, dasselbe findet sich im Arbeitsleben. Es ist ein Teil der individuellen Soziokultur, die die Geschlechter mit in das berufliche Umfeld einbringen und es somit gleichermaßen prägen. Gewiss spielen ebenso die Familie und Kultur, in der wir aufwachsen, eine Rolle. **Männer werden mehr darin bestärkt, extrovertiert zu sein, Frauen mehr darin, auf Harmonie zu achten**. Das ist ein starkes Schubladen-Denken, doch ich sehe das nicht wertend. Es ist ein Fakt, der berücksichtigt werden muss. Familien haben einen immensen Einfluss auf unsere psychische Haltung. Welche Werte die Eltern transportieren, was sie gearbeitet haben und welche Rollenbilder sie ihren Kindern mitgegeben haben. **Gesellschaft fängt in der Familie an**, das kann politisch kaum beeinflusst werden, darum müssen wir auch dort Veränderungen bewirken.

Bildrechte: Christian Wiendl

Ich persönlich habe in meiner Kindheit sehr viel Zeit mit Jungs verbracht, wodurch ich leichteren Zugang zu ihrer Welt gefunden habe. Das ist mir jedoch erst im Berufsleben richtig klar geworden, viele Unterschiede habe ich aus einer Beobachterrolle heraus gesehen. Diese Unterschiede haben mich letztendlich dazu gebracht, ein Frauennetzwerk zu gründen sowie hochkarätige Business-Talkreihen zu veranstalten, Artikel zu schreiben und die Trainingsakademie, das Business Kollektiv, ins Leben zu rufen.

Erzähl uns bitte mehr über das Business Kollektiv.

Das Business Kollektiv steht auf drei Säulen. Im Kern sind wir eine Trainingsakademie im Bereich der neuen Arbeitswelt. Was uns von anderen Anbietern unterscheidet, ist, dass wir Trainings im Anschluss an das Präsenzformat digital on-the-Job via Smartphone nachhalten. Die zweite Säule sind die Business-Talks und die dritte Säule ist unser Frauennetzwerk, das Female Kollektiv. Das sind Formate, in denen wir als Herausgeber und medialer Veranstalter aktiv sind und in gewisser Weise unabhängig von der Trainingsakademie sind. Die Idee zum Business Kollektiv kam mir, als ich noch bei Burda gearbeitet habe. Dort gab es zum einen traditionell den Bereich des Zeitschriftenvertriebs und des Weiteren den Aufbau von E-Commerce-Shops. Dieser Bereich hat mich zur digitalen Affinität angestiftet. Und exakt diese Affinität stellt heute den USP des Business Kollektivs da. Die Grundmotivation war, Innovationen für Trainings im Bildungsbereich zu entwickeln, um das Wissen besser zu transportieren und zu transferieren. Diese Praxisnähe und der Netzwerkgedanke stehen bei unserer Philosophie im Vordergrund.

Warum förderst du Frauennetzwerke und welchen Nutzen können die Teilnehmer daraus mitnehmen?

Männer gehören ebenso zu diesen Netzwerken wie Frauen, sie sind elementar wichtig für alles, was in diesem Bereich passiert. Jedoch konzentriere ich mich auf Frauen, weil ich erreichen möchte, dass wir von innen heraus aktiver werden. Das ist der dritte Punkt im Dreieck: Es geht nicht um die Unternehmen oder die Gesellschaft, sondern darum, jeden persönlich abzuholen und Veränderung zu bewirken. Diesen ersten Schritt zu gehen, der für uns alle erreichbar ist. Es ist möglich, Veränderung in seinem Leben zu implementieren, es muss nur gemacht werden. So banal es sich anhört, **Dinge schlecht zu finden und dann nicht aktiv zu werden, hilft uns nicht weiter.** In der Trainingsakademie gehen wir noch einen Schritt weiter. Wir wollen Frauen in Führungsrollen stärken, um Wirtschaft und Gesellschaft durch weibliche Werte zu prägen.

Persönlich hole ich mir Inspiration von all den verschiedenen Menschen, die ich kennenlerne. Mich interessieren Menschen, die ein vollkommen anderes Weltbild oder einen anderen Bezug zur Arbeit haben als ich. Das ist eine extreme Bereicherung und je besser ich vernetzt bin, desto mehr Menschen lerne ich kennen. Einer der größten Vorteile an Netzwerken ist es, Mythen nahbar zu machen und sie damit zu überwinden. Insbesondere wenn es die Karriereleiter hinauf geht, denn niemand wird als Führungskraft geboren, jeder hat Herausforderungen und Kämpfe überstanden. **Es ist daher heutzutage enorm wichtig, seinen Horizont zu erweitern und sich auf Neues einzulassen**. Meine Motivation ist es, einer benachteiligten Gruppe, die es gesellschaftlich im Job und im Business schwerer hat, mit den Trainings und mit dem Netzwerk zu helfen, so dass sie aktiver wird und diese unbewusst strukturelle, gesellschaftliche Benachteiligung hinterfragt.

Bildrechte: Business Kollektiv

Welche Hindernisse halten Frauen heutzutage noch von einer Karriere ab?

Nach wie vor ist das größte Hemmnis für Frauen das Thema Kinder. Es geht darum, abzuwägen, in welche Richtung der berufliche Weg weitergehen soll, und wie das zu managen ist. Viele Frauen empfinden es so, dass sie es nicht vereinbaren können. Dort haben Unternehmen noch viel Potenzial, eine bessere Vereinbarkeit von Beruf und Familie zu schaffen. Frauen, die parallel arbeiten und für die Familie da sind, haben enorme Herausforderungen zu bewältigen. Schlimmstenfalls ist es nicht mehr möglich, eine fachliche Laufbahn weiterzuführen. Microsoft ist mir in diesem Zusammenhang positiv aufgefallen: Es gibt flexible Arbeitszeitmodelle und Job Sharing. Solche Modelle sind die Zukunft, denn egal ob wegen der Kinderbetreuung oder aus anderen Gründen, Menschen streben heutzutage nach einer besseren Work-Life-Balance.

Mein Motto: **Just do it! Einfach anfangen und umsetzen, was möglich ist**. Schritt für Schritt gehen, lieber weniger nachdenken und mehr machen. Überlegt, was ihr erreichen wollt und werdet selbst aktiv, um Hindernisse aus dem Weg zu räumen.

Lieben Dank für das Gespräch!

„Wir müssen Ausdauer und vor allem Vertrauen in uns selbst haben. Wir müssen glauben, dass wir begabt sind und dass wir etwas erreichen können."

Marie Curie (Physikerin und Chemikerin)

Es ist eine große Freude, dass wir in diesem Buch so viele Unternehmerinnen vorstellen dürfen. Denn nach wie vor gründen in Deutschland weniger Frauen als Männer. Fehlende Vorbilder, hohes Risikobewusstsein und Sorge um die Work-Life-Balance sind einige der Gründe, die Frauen abschrecken. Was sie letztendlich zu dem Schritt bewegt, zeigt folgende Grafik:

Bei Frauen ist Unabhängigkeit für Existenzgründung entscheidender als für Männer

Anteil Motive in %	Frauen	Männer
Unabhängigkeit	49 %	35 %
Höheres Einkommen	15 %	27 %
Lebensunterhalt	12 %	7 %
Geschäftsidee	13 %	20 %
Arbeitslosigkeit	2 %	5 %
Anderes	9 %	6 %

Nach: KfW Bankengruppe (2019): Kfw-Gründungsmonitor 2019, S. 3 (Auszug)

---

8. Dem Herzen folgen: Yella Cremer, Autorin & Verlegerin @ Lovebase

Yella Cremer, Autorin & Verlegerin, Yella Cremer – Lovebase; Bildrechte: Samuel Cremer

Über Yella Cremer: Yella Cremer findet: Wir alle brauchen eine bessere sexuelle Bildung! Und dafür nutzt sie alle Werkzeuge, die sie im Laufe ihrer verschiedenen Berufe im Leben gesammelt hat. Ursprünglich als Sozialpädagogin ausgebildet, wählte sie mit ihrer Begeisterung für Computer gleich nach dem Studium Projektarbeit im IT-Bereich und studierte später Informatik. Sie arbeitete etliche Jahre als Systemadministratorin und im Support für Großrechner. Die Lust auf selbstständige Arbeit führte in eine neue Richtung: Sie gründete ein Tantramassage-Zentrum. Yella verband die Liebe zur Körperarbeit und zum Thema Sexualität mit der Liebe zum Computer: Sie nutzte von Anfang an intensiv das Internet. Als selbstständige Unternehmerin konnte sie so die Inhalte ihrer Arbeit kommunizieren. Als sie ihren Schwerpunkt auf sexuelle Bildung verlegte, war klar: Auch hier nutzt sie digitale Möglichkeiten. Sie verlegt ihre Bücher selbst, bringt Onlinekurse heraus und kombiniert diese mit live Workshops und Vorträgen.

Kontakt:
Website: www.lovebase.com
LinkedIn: https://bit.ly/2MgNg6y
Xing: https://bit.ly/2MkHYXX
Instagram: https://bit.ly/2XINx7O
Facebook: https://bit.ly/2XlVm4k

Liebe Yella, du bist heute selbstständig und hast ein außergewöhnliches Business. Was verbindet dich mit dem Thema Technologie?

Das Thema IT hat mich über eine lange Zeit begleitet und ist in meinem Leben tatsächlich wiederholt aufgetreten, selbst wenn es nicht von Anfang an sichtbar war. Ich habe mich schon als Jugendliche mit Computern beschäftigt. Den ersten Commodore VC 20 habe ich mir von meinem Taschengeld gekauft, ich fand das sehr spannend. Danach habe ich das Thema eine Weile nicht mehr verfolgt, schlicht weil meine Umwelt es nicht ebenso geschätzt und gewürdigt hat. Ich war zwar sehr interessiert, es schien mich jedoch zu überfordern, alleine alles Notwendige zu lernen. Aufgrund der Empfehlungen meiner Umwelt und meiner Ratlosigkeit habe ich schlussendlich Sozialarbeit studiert.

Dann gab es ein Schlüsselerlebnis: meine Diplomarbeit. Damals haben die meisten noch mit der Schreibmaschine geschrieben. Mir war sonnenklar: Wenn ich die Diplomarbeit mit der Schreibmaschine oder gar handschriftlich schreiben muss, dann wird es keine Diplomarbeit geben! Daher habe ich den einzigen IT-Kurs, den es damals an der Fachhochschule gab, belegt. Im Grunde genommen habe ich seither nie mehr von dem Thema losgelassen. **Das war in der Tat Liebe auf den ersten Blick**. Und es kam, wie es kommen musste: Im Rahmen des Studiums musste ich ein einjähriges Praktikum absolvieren und ich fand eine Stelle im Sozialministerium. **Der einzige Sitzplatz, der frei war, war der vor dem Computer**!

Ich habe mich anschließend intensiv mit Computern beschäftigt, habe für meine Abteilung IT-Schulungen gehalten und freiberuflich im Projektmanagement gearbeitet. Ich bin nie wieder zurückgegangen ins Sozialwesen. Mir machte Technologie unheimlich Spaß, ich lernte von alleine sehr schnell. Weil ich es systematisch lernen wollte, habe ich mit 30 nochmal Informatik studiert.

Das hört sich nach einem geradlinigen Weg in der IT an, wie ging es weiter?

So geradlinig war es nicht. Das Leben hat mich nach Amsterdam verschlagen, wo ich Menschen kennen lernen durfte, die sich intensiv mit Computern beschäftigten. Ich habe in kürzester Zeit unglaublich viel gelernt. In meinem ersten Job als System-Administrator habe ich ein Netzwerk von 80 Computern betreut. Das war zur Zeit der Goldgräberstimmung im IT-Bereich, just ehe die Blase platzte – mein Arbeitgeber ging prompt Pleite. Ich hatte Glück, denn trotz fehlender Zertifikate und ohne abgeschlossenes Studium fand ich spannende Jobs und konnte Großrechner in einer amerikanischen Firma supporten, wovor ich sehr viel Respekt hatte. **Damals war das ein ungewöhnlicher Job für Frauen**.

Danach habe ich ein bis dato privates Interesse zu meinem beruflichen Mittelpunkt gemacht und habe eine Tantramassage-Praxis eröffnet. Im IT-Bereich hatte ich Menschen darin unterstützt, dass Arbeitsumgebung, Rechner, Netzwerke und Server funktionierten. Und in der Tantramassage-Praxis habe ich erneut Räume bereitgestellt, in denen Menschen konkrete Erfahrungen machen können. In dem Fall ihren eigenen Körper erkunden, ihre Sexualität weiterentwickeln und neue Fakten über sich lernen. Das war für mich der rote Faden. Ich hatte das Bedürfnis nach einer neuen Herausforderung, denn in der IT wäre für mich der nächste Schritt der Aufstieg ins Management gewesen und das war für mich keine Option. Zudem hatte ich bis zu diesem Zeitpunkt lange angestellt gearbeitet und gemerkt habe, dass es nicht die ideale Arbeitsform für mich ist. Ich wollte selbstständig sein und einer für mich sinnhaften Arbeit nachgehen. Und dann habe ich die Tantramassage-Praxis gegründet.

War dann die Zeit in der IT verlorene Zeit oder konntest du erlernte Fähigkeiten in der Praxis nutzen?

Es war erstaunlicherweise so, dass meine IT-Fähigkeiten mir sehr zugute gekommen sind. Sowohl das analytische Denken als auch das nüchterne Herangehen und die Hartnäckigkeit – stets zu wissen, es gibt eine Lösung, es sind alles Nullen und Einsen. **Ich wusste, wenn ich lösungsorientiert denke, dann gehen sehr viele Räume auf**.

Im Laufe der Jahre ist mir bewusst geworden, dass ich gerne mit wissbegierigen und offenen Menschen arbeite. Mittlerweile habe ich einen Verlag für Themen rund um Sexualität gegründet. Ich definiere mich selbst so: ‚Ich bin eine Anstifterin für mehr Genuss'. Im weitesten Sinne unterstütze ich Menschen dabei, sich zu entdecken und ihre Sexualität zu entfalten. Und ich nutze dabei die Fähigkeiten, die ich mir auf meiner Reise durch die IT angeeignet habe. **Das war eine spannende Erfahrung, dass mein Wissen nicht abhandenkommt**.

Etwa im Abstand von fünf Jahren hat sich der Fokus meiner Arbeit verändert. Eine der relevantesten Fragen für mich ist: **Was würde ich machen, selbst wenn ich kein Geld dafür bekäme**? Und habe ich den Mut, dafür Geld zu verlangen? Wichtig ist, sich dabei von den Aufladungen unserer Gesellschaft zu lösen: wie sich Arbeit definiert, dass es anstrengend ist, dass es keinen Spaß macht. Im IT-Bereich lerne ich rein aus innerer Motivation. Ich vergesse die Zeit dabei und bin neugierig. Es ist mir wichtig, regelmäßig zu prüfen, was mir Spaß macht und was mir liegt; das ist nicht zwingend dasselbe. **Wandel ist heute Normalität**, dazu gehört auch, dass wir nicht im erlernten Beruf bis ins Rentenalter tätig sind. Und dass wir dabei ebenso Umbrüche riskieren. Gewiss wurde ich in Bezug auf die Tantramassage-Praxis schief angeschaut. Die Fragezeichen waren nahezu sichtbar. Das gehört dazu, das Alte loszulassen und das Neue zu riskieren. Möglicherweise ist das bei mir derart stark ausgeprägt, weil mir Freiheit viel mehr bedeutet als Sicherheit.

Du bist für mich das lebende Beispiel dafür, dass IT-ler keine Nerds sein müssen. Sind dir Vorurteile gegenüber Frauen in der IT begegnet?

Ich habe mir gezielt Gruppen gesucht, in denen es normal war, dass sich Frauen für IT interessieren. Ich bin zum Beispiel nach 20 Jahren weiterhin gerne Mitglied im Chaos Computer Club. Das fand ich von Anfang an spannend, querdenken und interessanten Input zu verknüpfen, besondere Menschen mit technischem Sachverstand kennenzulernen. Gleichzeitig hatte ich in der Tat einen Sonderstatus, Frauen repräsentierten selten mehr als zehn Prozent der Teilnehmenden auf Veranstaltungen. Wir waren die Ausnahme, wenn auch die gefeierte Ausnahme. Zum Teil waren es Vorzeigefrauen. Jedoch bildet sich auch in solch einem freiheitlichen und demokratischen Club die Gesellschaft ab – mit allen patriarchalen Strukturen und dummen Sprüchen. So dass die fortschrittlichen Männer doch wiederum die Frauen zum Kaffeekochen einsetzen und selbst an dem 3D-Drucker herumbasteln wollen. **Bloß, weil sich jemand mit Technik beschäftigt, ist nicht automatisch ein Bewusstsein für feministische Inhalte vorhanden**.

Ich erinnere mich noch daran, dass ich als Support Ingenieur für Großrechner einmal einen Rock anhatte. Ich hatte gefühlt drei Wochen damit zu kämpfen, den Fokus wieder glaubwürdig auf meine Fähigkeiten zu lenken. Das hat mich richtig Punkte gekostet in dem, was mir meine Kollegen technisch zugetraut haben. Wenn auch sehr subtil, selbstredend hat das kein Kollege offensiv formuliert.

Ich habe mir meinen Status und die Akzeptanz erkämpft. Wenn allerdings Kunden aus Italien oder Spanien anriefen, hielten die mich für die Sekretärin und fragten, wann sie denn mit dem Techniker verbunden werden. Das hatte sich bereits zum Running Gag entwickelt. Das sind gewiss Klischees, es sind nicht alle Menschen in diesen Ländern so. **Der Beweisdruck war dennoch unterschwellig permanent vorhanden**. Technisch deutlich weniger kompetente Männer mussten sich seltener beweisen. In diesen Momenten habe ich es recht gelassen genommen. Ich war so voller Freude und Begeisterung bei meiner Arbeit, dass ich es kaum wahrgenommen habe. Allerdings bin ich im Nachhinein verärgert darüber, dass es diese Vorurteile gab und gibt. Dass es nicht selbstverständlich war, als Frau technisch kompetent zu sein. Das ist leider auch heute noch der Fall. Trotz der Tatsache, dass ich technisch sehr gut ausgebildet bin, werde ich in technischen Fragen kaum um Hilfe gebeten, sondern üblicherweise ein Mann. **Selbst meine Bekannten assoziieren diese Kompetenz nach wie vor nicht mit mir.**

Welche Tipps sind hilfreich, um sich nicht entmutigen zu lassen?

Scheinbar werden Frauen oftmals stärker durch das motiviert oder beeinflusst, was die Menschen in ihrer Umgebung sagen. **Männer sind stärker intrinsisch motiviert**. Wenn sie von etwas begeistert sind, beißen sie sich fest und kaum etwas kann sie aufhalten. Als Frau sollte ich mich nicht von der Meinung und Haltung meines Umfelds abhängig machen. Suche dir eine Umgebung, die deine Ziele zu schätzen weiß. Für mich war es der Chaos Computer Club, aber natürlich gibt es desgleichen viele Vorträge, Messen und Konferenzen.

Ich selbst bin ein sehr stark intrinsisch motivierter Mensch. Interne Rangeleien und Kritik haben mich nicht belastet, weil ich von meiner Aufgabe derart begeistert war. Daher ist mein Rat an Frauen: Folgt dem, was euch begeistert, anstatt zu warten, dass eure Umwelt euren Weg akzeptiert und legitimiert. Das wird in manchen Bereichen nicht passieren, zum Teil weil das Umfeld keine Ahnung hat. **Meine Eltern wussten nicht, was Computer sind**. Es wusste zu dem Zeitpunkt kaum jemand, dass Computer später eine riesen Rolle in der Wirtschaft spielen. Dementsprechend konnten sie es nicht fördern. Die heutige Elterngeneration wiederum kann die Dimension und Auswirkungen von zum Beispiel Künstlicher Intelligenz nicht greifen. Die Technologie entwickelt sich derart schnell weiter, dass die jeweils älteren Generationen sie nie vollständig verstehen werden.

Die Bevölkerung hat oftmals Angst vor Technologie, weil sie scheinbar den Menschen ersetzt: Wie ist dein Blick auf die Zukunft?

Technologie unterstützt uns und wird uns weiterhin Arbeiten abnehmen, die wir nicht so gut können. Und das, was technisch machbar ist, wird gemacht. Die interessante Frage ist: Wer hat die Kontrolle über die Daten? Es geht nicht darum, Entwicklungen zu verhindern. Sondern fortlaufend zu prüfen, wie zum Beispiel open-source das Modell ist, also wie zugänglich die Quellen und die gewonnenen Daten sind. Und es gibt ebenso Tendenzen, die bedrohlich sind, in denen die Technik beginnt, unser Leben einzuschränken. Da ist die Frage, wie informiert ich bin. Wenn ich es nur ausblende, weil Technik doof ist, dann werde ich nicht informiert entscheiden oder mich engagieren. **Wenn ich mitlerne, kann ich mitreden und mitgestalten.** Wir schaffen die Technik und in diesem Sinne ist die Technik nicht gegen uns; es sei denn, sie ist von Menschen dafür gemacht. Es ist erneut nur ein Abbild dessen, was gesellschaftlich vorgeht. Ich bin da sehr optimistisch und ich nutze Technik gerne, für die Dinge, die sie kann.

Herzlichen Dank für die anschaulichen Einblicke!

– – – – – – – – – – – – – –

Trotz hohem Interesse und spannenden Möglichkeinen für technologie-interessierte Frauen in MINT-Berufen, ist deren Anteil seit Jahren konstant gering, wie nachfolgende Grafik zeigt. Wir glauben daran, dass dieser Umstand nicht in die Zukunft fortgeschrieben werden muss!

Frauenanteil in MINT-Berufen (sozialversicherungspflichtig Beschäftigte)	
06/2018	15,4 %
06/2016	15,0 %
06/2013	14,4 %
Nach: Bundesagentur für Arbeit (2019): Blickpunkt Arbeitsmarkt MINT-Berufe, S. 8 (Auszug)	

– – – – – – – – – – – – – –

„Sei nicht eingeschüchtert von dem, was du nicht weißt. Das kann deine größte Stärke sein, weil du dadurch Dinge anders machst als alle anderen."

Sara Blakely (Gründerin und Geschäftsführerin von Spanx)

– – – – – – – – – – – – – –

9. Frauen müssen sich durchsetzen: Birgit Arnold, Business Coach @ AKUT Coaching

Birgit Arnold, Dipl.-Ing. (FH), Freiberuflerin, Business Coach, AKUT Coaching

Über mich: Ich kann Probleme und Blockaden sehr schnell verstehen und helfen, diese zu lösen. Start-ups und Menschen, die sofort Unterstützung benötigen, sind bei mir richtig. Du befindest dich in einer Umbruchsituation, sei es persönlich oder beruflich? Du weißt nicht, wo du anfangen sollst? Du weißt, was du nicht willst und traust dich nicht, das zu tun, was du dir wünschst? Du hast Teamentscheidungen zu treffen und weißt nicht, wie du sie ‚verkaufen' sollst? Ich habe mehr als 30 Jahre in leitender Position gearbeitet. Während dieser Zeit war ich sowohl unternehmerisch, beruflich als auch privat mit unzähligen Herausforderungen konfrontiert. Ich gehe auf dich ein. Wir besprechen deine Situation. Wir tragen deine Fähigkeiten und Wünsche zusammen. Und am Ende ergibt sich wie von Zauberhand der Weg, den du gehen möchtest.

Kontakt:
Website: https://akutcoaching.de
LinkedIn: https://bit.ly/2XLlzbG
Facebook: https://bit.ly/3clKLun

Liebe Birgit, du hast eine spannende Reise in Unternehmertum und Technologie hinter dir, wir freuen uns auf deine Geschichte.

Ich bin 57 Jahre alt und bin studierte Diplom-Ingenieurin (FH). Aufgrund meiner langjährigen Erfahrung helfe ich als AKUT Business Coach Unternehmern, Hindernisse zu überwinden und den Weg in das eigene, selbstständige Unternehmen zu finden. **Mein Einstieg in die Technik war vermutlich meine angeborene Neugierde**. Ich wollte und will nach wie vor wissen, was die Welt im Innersten zusammenhält! Ich war sehr früh gut in Mathe. Bevor ich in die Schule kam, konnte ich bereits rechnen und lesen. **Logische Abfolgen und Prozesse haben mich zeitlebens gereizt**.

Ich hatte das Glück, dass mein Mathelehrer in der 5. und 6. Klasse, als es um die Auswahl der Schullaufbahn ging, der Lehrer meines Vaters war. Mein Vater war sehr gut in Mathe. Damit hatte ich die Vorschusslorbeeren in der Tasche. Dieser Lehrer hat mein Vertrauen in meine mathematischen Fähigkeiten aufgebaut und in einem Maße gefestigt, dass es bis in die Oberstufe anhielt. Dort traf ich dann auf einen Lehrer, der mir mein Selbstvertrauen nahm, indem er mich vor der Klasse auf persönlicher Ebene blamierte. Den Beweis zu führen, dass Frauen nicht rechnen können, war dann ein Kinderspiel. Das hat mich damals beinahe mein Abitur gekostet. **Ich habe es trotzdem geschafft**!

Wie hat sich deine Laufbahn entwickelt?

Nach dem Abitur konnte ich im Rahmen eines Praktikums bei Robert Bosch das erste Mal in ein technisches Unternehmen hineinschnuppern. Während dieser Zeit habe ich mich entschieden, Ernährungs- und Haushalts-Technik an der FH Trier zu studieren. Das Studium verband klassische Themen wie Ernährung, Psychologie und Pädagogik mit Verfahrens-, Maschinen- und Gerätetechnik und Biochemie. Meine Diplomarbeit habe ich bei der Ruhrgas in Dortmund geschrieben zum Thema ‚Formaldehyd-Entstehung bei der Verbrennung von Erdgas im Gasherd'. Das war ein spannendes Thema – Schadstoffe nicht nur in der Natur, sondern auch in Innenräumen. Ich war eine der Ersten, die sich damit beschäftigt hat.

Ich habe Anfang der 80er Jahre studiert. Das war die Zeit der Aufstände gegen die Stationierung von Atomsprengköpfen in Deutschland. Startbahn West, Wackersdorf. Der Unfall in Tschernobyl ist während meines Studiums passiert. Die Zusammenhänge haben mich sehr geprägt, sodass ich nach meinem Studium etwas Alternatives tun wollte und einen der damals neu aufgekommenen Bioläden geleitet habe. Ein Jahr später habe ich eine

Weiterbildung zur Fachfrau Datenbank-Administration gemacht. Das war 1987. Ich habe in die Großrechner-Programmierung, Cobol, Pascal und ein bisschen in Assembler hineingeschnuppert und war eine der Pioniere der PC-Nutzung.

Ende 1988 wurde ich durch das Heinz-Piest-Institut an der Universität Hannover eingestellt für ein Forschungsvorhaben zur Erprobung und Erarbeitung eines Nahwärmelieferung-Konzeptes in Deutschland. Es war ein mit drei Millionen Mark finanziertes Vorhaben in Zusammenarbeit mit dem TÜV Essen und einem Hamburger Heizungsbauer. Neben der Projektleitung habe ich Oracle programmiert und Daten- und Testreihen aufgebaut. In diesem Forschungsvorhaben war ich nur mit Männern unterwegs. Ich hatte die Chance, viele Abteilungen des RW TÜV kennenzulernen, Bei den Projektbesprechungen bin ich sehr früh angereist, um mich durch Abteilungen führen und mir technische Prüfstände zeigen zu lassen.

Das Forschungsvorhaben hat sich sehr gut entwickelt und versprach, ein neues Geschäftsfeld für Deutschland zu werden. Aus diesem Grund haben die Projektbeteiligten im Jahr 1990 den Verband für Wärmelieferung e. V. gegründet. Ich war mit damals 26 Jahren Gründungsmitglied. Als Geschäftsführende Vizepräsidentin habe ich den Verband durch die Aufbauzeit hin zur Konsolidierung und zur Etablierung des gesamtdeutschen Marktes geführt. Das war richtige Pionierarbeit mit Geldmangel und vielen Aufs und Abs. In der Energiebranche gibt es mittlerweile ein paar Frauen. **Damals waren unter 100 Männern circa drei Frauen zu finden. Eine davon war ich**.

Wie hast du dich in dieser Männerdomäne gefühlt? Ist es heute leichter geworden?

Als junge Frau habe ich einen sehr guten Stand gehabt, weil sich Männer gerne mit gutaussehenden und intelligenten Frauen schmücken. **Doch wenn es wichtig wurde, haben sich die Männer an meinen Vorstandskollegen gewandt**. Das ist mir sehr früh aufgefallen. Wenn ein Mann da ist, der identische Fähigkeiten mitbringt wie die Frau, wird doch eher dem Mann die Kompetenz zugesprochen. Möglicherweise nicht tatsächlich, jedoch hatte ich das Gefühl.

Alleine die Tatsache, dass das Wort ‚Männerdomäne' kaum noch im Sprachgebrauch zu finden ist, zeigt, dass das politisch korrekte Verhalten die Gleichberechtigung in allen Branchen sein soll. Ich kenne die wissenschaftlichen Untersuchungen nicht, habe aber den Eindruck, dass dort, wo das Interesse an Mathematik, Physik und Chemie geweckt werden soll – nämlich an den Schulen – der Lehrplan die Schülerinnen nicht erreicht. Ist es nicht traurig, dass der Unterricht Mädchen und jungen Frauen den Stoff nicht oder nur schlecht vermitteln kann, während gute Nachhilfelehrer und YouTube-Videos das schaffen? Solange die Schulen und Universitäten es nicht bewerkstelligen, bei weiblichen Studenten die Begeisterung für technische Felder zu wecken, werden wir trotz gut gemeinter Quoten mehr Männer als Frauen in technischen Berufen vorfinden.

Was sind rückblickend die Erfolgskriterien, warum hat es trotz allem funktioniert?

Sehr hilfreich war anfangs, dass ich in unserem Präsidenten einen Geschäftspartner hatte, der den Verband fachlich nach außen vertreten hat. Ich habe die gesamte fachliche Arbeit und die Organisation im Hintergrund übernommen. Das hat für mich eine Zeit lang sehr gut funktioniert. Es kam meinem Bedürfnis entgegen, mich hinter den Kulissen zu halten. Das Problem war, dass ich nicht mehr mit meiner Einzelleistung, sondern nur noch als Anhängsel dieser Person wahrgenommen wurde. Ich habe mich daher regelmäßig durchgesetzt, zu Wort gemeldet und auf meiner Meinung bestanden, andernfalls wäre ich nicht so lange in dem Bereich geblieben. Eine besondere Gegebenheit aus der Verbandswelt hat mir in den letzten Jahren das Leben erschwert. Verbandsleiter sind üblicherweise Juristen und agieren auf eine eigene Art und Weise. **Ich als Ingenieurin war stets zielorientiert und habe nicht taktiert**. Das hat mir in den letzten Jahren meiner Geschäftsführertätigkeit das Leben schwer gemacht. Ob die Tatsache, dass ich eine Frau war, es zusätzlich erschwert hat, kann ich nicht beurteilen. Manchmal habe ich es so empfunden.

Im Umfeld des Verbandes ist mir aufgefallen, dass Männer in größeren Unternehmen sehr viel weniger für die Familie da waren, als das in den mittelständischen Betrieben der Fall war. Ich war häufig schockiert, dass sie ihrer Frau, die auch studiert hatte, zumuteten, ihre Karriere aufzugeben. Alles in allem gibt es noch sehr viel zu tun. **Frauen müssen ihre Haltung ändern und dürfen sich das nicht bieten lassen**.

Meist habe ich die Zeit in der Männerwelt genossen. Immerhin stach ich aus der Masse heraus, alleine aufgrund meines Geschlechtes. Ich bekam Aufmerksamkeit und konnte manches erreichen, indem ich meine Persönlichkeit genutzt habe. Dazu kommt, dass ich sehr zielorientiert bin. Meine Selbstbestimmtheit ermöglicht es mir, unkonventionelle Wege zu gehen. Das war vermutlich eher ein Problem in der Verbandswelt als mein Geschlecht. Was ich sehr wichtig finde, ist, dass der Mensch in sich hineinhorcht und feststellt, was er kann, was er möchte, wo das Herz ein bisschen lauter klopft und die

Mundwinkel hoch gehen. Und dem dann folgt. **Das Einkommen ist nicht das wichtigste Kriterium**! Egal in welcher Branche man unterwegs ist, wenn man mit einem fröhlichen Herzen und glänzenden Augen unterwegs ist, dann überzeugt man die Mitmenschen, dann schafft man das.

Kannst du dich an Situationen erinnern, wo es deutlich wurde, dass du die einzige Frau warst?

Ich erinnere mich an eine Situation zu Beginn meiner Laufbahn. Als Leiterin des Forschungsvorhabens wurde ich vom Chef meines Instituts zu einem Vortrag eingeladen, bei dem der Dekan der Uni in Hannover anwesend war. Dieser hat nach meinem Vortrag zu mir gesagt, – ich komme ursprünglich aus Hessen, spreche fließendes Hochdeutsch mit ein paar kleinen Schnörkeln – er hätte mich kaum verstehen können wegen meines Akzents und ich sollte zur Logopädin gehen. Mein Chef hat damals bemerkt: ‚Machen Sie sich nichts daraus, Frau Arnold, der mag Frauen nicht besonders'. Es gab wohl keinen fachlichen Kritikpunkt, darum musste er auf die persönliche Ebene gehen. Das war in der Tat eine kleine Schrecksekunde. Über diese Reaktion habe ich mich geärgert, doch die Unterstützung und die Wertschätzung, die ich durch das Institut erfahren habe, indem sie mich für den Vortrag entsandt haben, hat mich mehr als entschädigt.

Wie war das im Familien- und Freundeskreis, war das Thema Technologie akzeptiert oder hat dein Umfeld befremdlich reagiert?

Auf das Thema Technik an sich hat keiner befremdlich reagiert. Dass ich in einer Führungsposition war, das war ein Problem. Weil Frauen nicht in Führungspositionen gehören; schon gar nicht, wenn sie Kinder haben. Dann vernachlässigen sie ja Kind und Familie und der arme Mann, der bekommt dann kein Essen, wenn er nach Hause kommt. Gleichzeitig hatten wir einen Rollentausch gemacht: **Mein Mann hat Erziehungsurlaub genommen**. Er ist Tontechniker, jedoch im öffentlichen Dienst beschäftigt und konnte dort als erster Mann beim NDR in Hannover in Erziehungsurlaub gehen. Er war Vorreiter und hat sich etwas getraut! Darauf bin ich sehr stolz.

Unsere Nachbarn haben meinen Mann gefragt, ob wir im Lotto gewonnen hätten. Ich arbeitete im Home-Office, war also bis auf zwei Mal pro Woche konstant zuhause und er betreute die Kinder. Woher kamen dann das schöne Haus und der gepflegte Garten? Und in Urlaub sind wir auch gefahren. Es konnte nicht sein, dass die Frau das Geld nach Hause bringt... Tja, geht wohl doch!

Wo hast du Gleichgesinnte gefunden?

Wir sind Querdenker und ‚Querleber' und passen damit nicht gut in unsere sehr kleine dörfliche Gemeinschaft mit 550 Einwohnern. Ich konnte nie großes Interesse dafür aufbringen, einen Bastelkurs zu machen oder mich an Oster- und Weihnachtsbasaren zu beteiligen. Unser Freundeskreis ist nicht vor Ort, sondern über die gesamte Welt verteilt. **Mein Mann und ich haben uns gegenseitig gestärkt und sind unseren eigenen Weg gegangen**. Dabei ist für uns Toleranz stets wichtig: Jung oder alt, farbig oder weiß, Mann oder Frau, spielt das eine Rolle? Wir sind Menschen mit individuellen Fähigkeiten und interessanten Geschichten.

Seit 2018 gehöre ich zur Community des Citizen Circle. Das ist eine Gemeinschaft von deutschsprachigen Unternehmern, die in der Welt zuhause sind und meist remote arbeiten. **Ich habe das Gefühl, meinen Stamm gefunden zu haben**. Es gefällt mir, mich mit Menschen auszutauschen, die selbstbestimmt leben. Der Slogan lautet: ‚Community over Competition'. Das sagt schon viel. Wir halten zusammen und unterstützen uns gegenseitig.

Ich bin sehr dankbar, dass es mir möglich war, mit der technischen Entwicklung Schritt zu halten und mein Wissen aktuell zu halten. Somit kann ich bei der Digitalisierung mitreden, die neuesten Tools ausprobieren und verstehe die Sprache, die die Digitalunternehmer sprechen. Denn es ist nicht nur die Technik, die sich verändert hat. Die komplette Vorgehensweise im Marketing ist anders, Abläufe in den Firmen sind neu. Die Fähigkeiten von Menschen können wesentlich effektiver eingesetzt werden. Der Computer übernimmt wiederkehrende Aufgaben und entlastet die Menschen. **Ich habe keine Angst vor dem Fortschritt**. Nutze die Vorteile und sei vorsichtig bei den Gefahren! Diese Neugier hat mich mein gesamtes Leben begleitet und wird es hoffentlich noch lange. Sie motiviert mich und bringt mich dazu, jeden Morgen aufzustehen. Ich will die Welt bewegen und verändern. **Eventuell zeichnen Neugier und Innovationskraft technisch interessierte Menschen aus**?

Welche Maßnahmen könnten zu mehr Gleichberechtigung führen?

Ich bin ein großer Fan von Vorbildern und Role Models. Wenn man jemanden überzeugen möchte, ist es jederzeit gut, einen Fall vorzuführen, der bereits funktioniert hat. Dann sind viele Menschen eher bereit, zu folgen. Wenn ich ein gutes Beispiel abgebe, dann können andere ebenfalls den Schritt wagen. Das ist bei uns Menschen wie bei den Pinguinen: Wenn einer ins Wasser springt, trauen sich die anderen auch, weil klar ist, dass da kein Fressfeind ist.

Wir brauchen einen, der vorweg springt. Meine Oma, 1907 geboren, hat vier Kinder geboren, den Krieg ohne ihren Mann durchgestanden und ein Unternehmen durch den Krieg gebracht. Sie war die erste und einzige Frau in der gesamten Region, die Anfang der 1930er Jahre einen Führerschein hatte. Mit 60 Jahren hat sie ihren 4. Meistertitel erworben und war stets interessiert und unterwegs, um Menschen zu treffen. Sie ist mein Vorbild. Frausein hat in gleichem Maße Vor- und Nachteile wie das Mannsein. Es kommt darauf an, was wir daraus machen.

Frauen müssen sich durchsetzen und von ihren Männern verlangen, dass diese ‚weibliche' Aufgaben übernehmen. Und Frauen dürfen lernen, es auszuhalten, wenn der Mann eine andere Lösung bevorzugt. Ich habe eine Frau gecoacht, die mit Anfang 40 in eine Depression geschlittert ist, weil sie seit Jahren zu Hause sitzt und beruflich nicht mehr Fuß fassen kann. Ihr Mann und sie hatten beide den Kinderwunsch und wollten die Kinder gemeinsam aufziehen. Sie hatte mehr verdient als er, aber sie wollte der Welt beweisen, dass sie voll berufstätig sein und gleichzeitig zwei Kinder großziehen kann. Daran ist sie mit einem Burnout beinahe zerbrochen. Warum lassen Menschen das mit sich machen? Warum begehren sie nicht rechtzeitig auf? Mein Tipp: **Beutet euch nicht selbst aus**, ihr dürft erfolgreich sein und ihr dürft euch Hilfe von außen holen, um den Haushalt zu organisieren oder die Kinder zu betreuen.

Es gibt mittlerweile viele Chancen für Frauen. Weibliche Nachwuchsführungskräfte können sich dann überdurchschnittlich gut darstellen, wenn Situationen strukturiert und planbar sind. Sie haben gern die Kontrolle. Viele Männer können bildlich gesprochen in Räume stürmen und sich präsentieren. Frauen checken zunächst die Situation ab, um dann konstruktiv vorzugehen. Dieses scheinbare Zögern führt dazu, dass Frauen schnell zu Befehlsempfängern und Akteuren im Hintergrund werden. Es ist hilfreich, strukturierte Abläufe zu haben und zu lernen, über sich hinaus zu wachsen und in unplanbaren Situationen aktiv zu werden. **Raus aus der Komfortzone**! Das ist unbequem, aber es lohnt sich! Und wenn ihr Hilfe braucht, kontaktiert mich gern.

Ich danke dir für die aufschlussreichen Insights!

„Wenn wir Zukunft ernst nehmen, dann müssen wir aufhören, es anderen zu überlassen, sondern selbst aktiv zu werden."

Jane Goodall (Verhaltensforscherin)

Unsere Tipps zur Weiterbildung / Fokus: Studium

Interessiert an einer tiefgründigen Weiterbildung? Wie wäre es mit einem Fernstudium? Das schlechte Image der meisten Anbieter gehört der Vergangenheit an, dennoch solltest du jeden Anbieter und jedes Programm sorgfältig prüfen. Mögliche Kriterien sind Laufzeit, Kosten, Programminhalt, optional Präsenz-Phasen und Standort, Zusammensetzung der Studenten, Karriereförderung, Anerkennung der Abschlüsse und Storno-Optionen.

Um euch einen ersten Eindruck zu verschaffen, untenstehend einige (zum Teil zertifizierte) Programme, die nur als Beispiele zu verstehen sind. Der Markt ist mittlerweile sehr breit und es wird ein wenig Mühe kosten, das passende Programm zu finden. Hilfreich kann dabei auch immer der Kontakt zu eingeschriebenen Studenten sein, so erhaltet ihr Informationen aus erster Hand.

Es gibt Übersichtsseiten, die verschiedene Fernstudiengänge vergleichen, auch hier ist der Markt dynamisch, zum Beispiel:

www.fernstudiumcheck.de
www.wirtschaftsinformatik-studieren.net
www.fernstudieren.de
www.studieren-im-netz.org

Beispielhaft seien hier Anbieter für den Bachelor-Studiengang beziehungsweise Zertifikatskurs ‚Informatik' benannt, diese bieten ebenfalls Master-Studiengänge an oder weiterführende Kurse für die Management-Karriere.

FernUniversität in Hagen: https://bit.ly/3bHxw77
AKAD: https://bit.ly/3bDDAgJ
Hochschule Fresenius: https://bit.ly/2zQnOSq
ILS: https://bit.ly/2ThK7aS
Euro FH: https://bit.ly/2WIPRwe
SGD: https://bit.ly/3cUYMk5

10. Fest im Ziel, flexibel im Weg: Melanie Stütz, CEO @ IDEASCANNER

Melanie Stütz, Unternehmerin/CEO, IDEASCANNER;
Bildrechte: Bild am Sonntag / Christian Spreitz

Über Melanie Stütz: Melanie Stütz wuchs in einer Unternehmerfamilie auf und verfügt über einen betriebswirtschaftlichen und datenwissenschaftlichen Hintergrund. Am 03.10.1989 flüchtete sie als kleines Mädchen mit ihren Eltern von Ost- nach West-Deutschland und ermutigt mit ihrer Geschichte auch andere, sich nicht ihre Freiheiten nehmen zu lassen. Im Rahmen einer TV-Koproduktion mit der ARD flog sie als erste Pilotin in 18 Monaten in einem ‚Flugtaxi' über fünf Kontinente. Bevor sie CEO von IDEASCANNER wurde, arbeitete sie in der deutschen Zentrale von Microsoft, gefolgt von Positionen bei Unisys in Madrid, Siemens in Regensburg, einer Werbeagentur in Peking und einem Company Builder in München. Im Jahr 2019 wurde sie zu den Top 80 Köpfen der Münchner Digital- und Kreativszene gewählt. Mit dem KI-Assistenten IDEASCANNER unterstützt sie derzeit Unternehmen im digitalen Transformations- und Innovationsprozess dabei, Geschäftsideen schnell messbar zu machen und den Wert des Unternehmens zu steigern.

Kontakt:
Website: https://www.ideascanner.com
LinkedIn: https://bit.ly/2yQ0lkg
Xing: https://bit.ly/3gIimlO

Liebe Melanie, zusammen mit deinem Mann Andreas hast du nicht nur die Welt umflogen, sondern auch erfolgreich eine Firma gegründet. Was macht ihr bei IDEASCANNER?

Wir sind eines der führenden Beratungshäuser, das Künstliche Intelligenz zur Analyse von Geschäftsmodellen und Prozessen nutzt, um den Wert von Unternehmen zu steigern. Laut CB Insights scheitern die meisten Start-ups innerhalb der ersten 20 Monate, obwohl sie im Durchschnitt 1,3 Millionen Dollar an Finanzmitteln erhalten und bereits Einnahmen generieren. Und Forbes titelte neulich, dass schwindelerregende 70 Prozent der digitalen Transformationen scheitern. Im Zuge der Digitalisierung ist es erforderlicher denn je, das eigene Geschäftsmodell auf den Prüfstand zu stellen, Stellschrauben zu justieren oder sich komplett neu zu erfinden. Dabei helfen wir.

Andreas hat bereits mehrere Firmen gegründet und unter anderem den Start-up Wettbewerb von McKinsey gewonnen, dessen Preis ihm von Angela Merkel überreicht wurde. Ich selbst bin in einer Unternehmerfamilie aufgewachsen. **Wir beide haben uns seit jeher gefragt, weshalb einige Firmen erfolgreicher sind als andere.** Die Antwort darauf ist der IDEASCANNER. Er ist ein mobiler Schnelltest für Geschäftsideen und -positionierungen und ein Katalysator für Innovationen mit dem Ziel, den Unternehmenswert zu steigern. Er ermöglicht sowohl die Bewertung bereits bestehender Ideen als auch die Entwicklung neuer Denkweisen, um beispielsweise eine Produktidee zu einer Serviceidee zu transformieren.

Ursprünglich hatten wir ihn für uns selbst entwickelt, als Vorabcheck für neue Geschäftsmodelle. Während unserer Validierung mit Venture Capitalists stellten wir fest, dass ein hoher IDEASCANNER Score zu 90 Prozent mit dem Erfolg von Start-ups aus deren Portfolio korreliert. Wir nutzen Künstliche Intelligenz sowohl in der analytischen Auswertung als auch bei der Nutzerschnittstelle. Neben dem Score, also der Bewertung der Geschäftsidee, zeigt IDEASCANNER konkret auf, an welchen Stellschrauben das aktuelle Geschäftsmodell nachjustiert werden sollte. Dadurch können wir zusammen mit unseren Kunden einen strukturierten und detaillierten Aktionsplan für ihre erfolgreiche digitale Transformation erstellen, und zwar kostengünstiger und zehn Mal schneller als üblich.

Spielt die Trennung von Privatleben und Arbeit für euch keine Rolle?

Wir alle haben nur begrenzt Zeit auf dieser Welt. **Es ist wunderbar, dieses eine Leben mit den Menschen zu verbringen, die mir am Herzen liegen**. Wenn es dann noch privat und beruflich passt, hat man schlicht Glück. Es ist nicht für jeden das Richtige, aber ich kenne es nicht anders aus meiner Familie, in der bereits meine Großeltern, Eltern, Tanten und Onkel zusammengearbeitet haben. Zwei Gehirne sind außerdem oftmals besser als eins. Bei unserem ersten gemeinsamen Projekt ‚Weltflug.tv – Die Weltreise mit Tragschrauber' merkten wir sehr schnell, dass die Zusammenarbeit harmonisch laufen muss. Im Rahmen des Weltflugs flogen wir mit einem ‚Flugtaxi', beziehungsweise einem Mini-Hubschrauber, in 18 Monaten über fünf Kontinente. Wir starteten Ostern 2009 in Europa auf dem Jakobsweg und flogen dann weiter nach Afrika, Australien und Neuseeland, USA und Südamerika.

Durch die Pilotenausbildung und das Funkzeugnis haben wir eine klare Kommunikation und Aufteilung der Verantwortlichkeiten gelernt. Insbesondere in Krisensituationen muss man sich, nicht zwingend im militärischen Ton, jedoch sachlich orientiert kurzfassen und auf Zuständigkeiten achten. Wenn du zu zweit in einer Art fliegendem Bob um die Welt reist und dich aufeinander verlassen musst, ist es entscheidend, dass man nicht das Partnerschaftspassiv benutzt oder das Beziehungsohr anhat. Man sollte analytisch vorgehen, das Ziel vor Augen behalten und nach Lösungen suchen, statt Probleme zu schaffen. Das ist für unsere Partnerschaft ein Mehrwert, weil von Anfang an Streit kein Thema war. **Wir diskutieren gerne konstruktiv und stets mit dem Ziel, voranzukommen**. Übrigens hat Google im Forschungsprojekt ‚Aristotle' über die Merkmale erfolgreicher Teams festgestellt, dass es vor allem wichtig ist, dass Menschen sich sicher fühlen, neue Ideen ansprechen und eigene Fehler zugeben zu können. Es kommt auf die Kritikfähigkeit der Teammitglieder an. Nur wenn in Teams offen kritisiert werden darf, kann das Team aus Fehlern lernen, sich stetig verbessern und damit konstant erfolgreicher werden.

Erzähl uns mehr über euren Weltflug!

Weltflug war inspiriert von unseren Kindheitsträumen. Andreas verschlang als kleiner Junge den Kinderbuchklassiker ‚Robbi, Tobbi und das Fliewatüüt', in dem sich der junge Erfinder Tobbi und der Roboter Robbi in Abenteuer mit einem Fliewatüüt begeben. Das Fliewatüüt ist ein Multifunktionsvehikel, das fliegen (‚Flie'), wassern (‚wa') und fahren (‚tüüt') kann. Im Alter von fünf Jahren war Andreas davon überzeugt, er würde eines Tages mit solch einem Fliewatüüt auf Reisen gehen. Selbst wenn ein Traum oder Ziel noch so verrückt oder unmöglich erscheint, kann er dennoch realisiert werden. Unser Learning Nummer 1: **Das Unmögliche ist häufig möglich, wenn man mehr nachdenkt.** Das war die Botschaft, die uns Andreas' Geschäftspartner Karl-Heinz Johannsmeier mitgab. Er kam nach seinem ersten Fluchtversuch aus der DDR ins Stasigefängnis. Sein zweiter Fluchtversuch war erfolgreicher und er lebt inzwischen als Multimillionär in San Francisco, USA.

Eine Weltreise mit Fliewatüüt hatte zuvor noch niemand gemacht und viele hielten es für unmöglich. Doch dadurch, dass wir Schritt für Schritt die ersten Etappen in Europa und Afrika erfolgreich absolvierten, konnten wir Unterstützer gewinnen, wie einen Hersteller der realen Fliewatüüts. Der Weltmarktführer wurde Sponsor für die weiteren Weltflug-Etappen in Australien, Neuseeland, USA und Südamerika und ermöglichte damit den erfolgreichen Abschluss des Abenteuers. Aus dem Kindheitstraum ist ein internationales Medienprojekt geworden. Wir fanden vor Beginn des Abenteuers einen namhaften Verlag für die Buchveröffentlichung. Es gelang uns bereits während der Reise Filmmaterial an ZDF und RTL zu verkaufen und abschließend eine Koproduktion mit der ARD zu vereinbaren.

In Kooperation mit der Kinderhilfe ‚terre des hommes' interviewten wir weltweit Kinder zu ihren Träumen. Ein Teil der Vermarktungserlöse von Buch und Film (‚Weltflug.tv – Die Weltreise mit Tragschrauber') ging zurück an Bildungsprojekte für die Kids, damit auch deren Träume wahr werden. Wir sehen Bildung als einen essenziellen Schlüssel und somit ist Learning Nummer 2: **Lernen ist der Weg zur Erfüllung deiner Träume**. Vor dem Medienprojekt hatten wir noch nie ein Buch geschrieben oder einen Film gedreht und hatten auch keinen Pilotenschein. Doch wir lernten alles, was nötig war.

Während der Reise schrieb Andreas am Buch, ich arbeitete am Film. Wir übermittelten unsere Ergebnisse digital an Verlag und Sender. Gut, dass wir diese Erinnerungen festgehalten haben, wie zum Beispiel unseren ersten Flug von Frankreich über die verschneiten Pyrenäen nach Spanien entlang des Jakobsweges. In Afrika flogen wir über badende Elefanten im Okavango Delta in Botswana bis zur größten orangenen Sanddüne der Welt in Sossusvlei in Namibia. Der Tiefflug über den Strand der Tasmanischen See Australiens oder die Flüge entlang der Golden Gate Brücke in San Francisco bis hin zur Umrundung der Jesus Statue in Rio de Janeiro fühlen sich heute noch an wie ein Traum.

Damit einhergehend ist Learning Nummer 3: **Loslassen befreit**. Denn zum Leben und Arbeiten brauchen wir faktisch nicht viel. Und gerade in Zeiten der Digitalisierung können wir annähernd an jedem Ort der Welt mit

Internetverbindung arbeiten. Das ist uns durch unser Weltflug-Abenteuer erst so richtig bewusst geworden. Wir waren 18 Monate auf fünf Kontinenten mit leichtem Gepäck unterwegs. Es bestand primär aus Technikausrüstung und sehr wenig Kleidung, was die morgendliche Entscheidung, was anzuziehen war, sehr erleichterte.

Melanie und Andreas Stütz im Tragschrauber; Bildrechte: www.weltflug.tv

Als Pilot erlebt man Höhen und Tiefen im wahrsten Sinne des Wortes. Andreas und ich werden oft gefragt, ob wir keine Angst hatten. Es gibt aus unserer Sicht zwei Arten von Angst. Die eine Angst ist eher abstrakt und kann lähmen, die andere ist jene vor konkreter Gefahr. Es gilt, sich durch die lähmende Angst nicht einschüchtern zu lassen und die Vorsicht zu nutzen, um Risiken zu minimieren. Und das gilt nicht nur zu Zeiten von Wirtschaftskrisen oder Pandemien. Learning Nummer 4: **Keine Angst, aber Vorsicht**! Während unserer Pilotenausbildung achtete unser Fluglehrer stets peinlichst darauf, dass wir vor jedem Flug den Vorflugcheck durchgehen. Nur so konnten wir sichergehen, dass die Technik funktioniert. Oder feststellen, welche Schraube nachjustiert werden sollte. Wenn man das erst während dem Flug bemerkt, kann das unter Umständen das Leben kosten.

Im Nachhinein fanden wir viele Parallelen zwischen Piloten und Unternehmern. Als Pilot sollte man das Ziel kennen, den Weg dahin jedoch flexibel halten. Denn häufig läuft eben nicht alles nach Plan. Man kann noch so oft

Wetterinformationen einholen, manchmal ist es sicherer, am Boden zu bleiben, auch wenn das länger dauern kann. Daher ist mein Learning Nummer 5: **Fest im Ziel, flexibel im Weg**! Als Unternehmer solltest du wissen, wohin die Reise geht, und ob die eine oder andere Stellschraube nachjustiert werden muss. In beiden Fällen empfiehlt es sich, exakt zu wissen, was man tut und stets aus Fehlern zu lernen. Deswegen ist der IDEASCANNER als Vorflugcheck für Geschäftsideen für unsere Kunden ein echter Eye Opener, der Ideen vergleichbar macht und einen Standard setzt.

Diese Reise ist der Beweis, dass Träume buchstäblich Flügel verleihen können, und dass man alles lernen kann – auch und gerade über Widerstände hinweg.

Deine familiären Hintergründe haben dich stark geprägt, du hattest eine sehr ereignisreiche Kindheit. Hat das auch deinen beruflichen Weg beeinflusst?

Ich bin in Erfurt geboren und meine Eltern flüchteten mit mir am 03.10.1989 über die Prager Botschaft von Ost- nach Westdeutschland. Solch ein existenzielles Erlebnis prägt sehr. Benjamin Franklin, einer der Gründerväter der USA, Naturwissenschaftler und Erfinder, bringt es gut auf den Punkt: ‚Wer bereit ist, eine fundamentale Freiheit aufzugeben, um eine kurzfristige kleine Sicherheit zu erlangen, verdient weder Freiheit noch Sicherheit'. Meine Eltern haben langfristig und vorausschauend gedacht. In der DDR konnten nur zehn Prozent eines Jahrgangs Abitur machen und dafür war die politische Einstellung auch ein Kriterium.

Meine Eltern wollten nicht nur, dass ich Abitur mache, sondern die Freiheit habe, die Welt zu bereisen. Ihr Traum war es seit jeher, selbstständig im eigenen Unternehmen zu arbeiten. Mit der Flucht von Ost- nach West-Deutschland fingen sie wieder bei null an und gaben die Sicherheit auf, um mir den Weg für ein Leben in Freiheit zu ebnen. Am Ende gewannen sie im Westen beides, Freiheit und neue Sicherheit. Dass wir heute in Deutschland den 3. Oktober, das Datum unserer Flucht, als Tag der Einheit feiern, hätte damals wohl kaum einer zu träumen gewagt. Dafür bin ich meinen Eltern bis heute mehr als dankbar und ziehe meinen Hut davor, welchen Mut sie mit ihrer Flucht bewiesen haben.

Mein Kindheitstraum war es übrigens, Kosmonautin zu werden. Für mich ging es bisher zwar noch nicht in den Weltraum, doch durch den Weltflug mit dem ‚Flugtaxi' bin ich dem ein wenig nähergekommen. Ich bin in einer Unternehmerfamilie aufgewachsen, mein Opa war Doktoringenieur der Elektrotechnik. Er konstruierte Meerwasserentsalzungsanlagen und vermarktete diese bis nach Dubai. Er war zeitlebens eine Inspiration für mich und hat mir die Begeisterung für neue Technologien mitgegeben. Für mich war es als kleines Mädchen etwas Besonderes, dass ich an seinem Laptop spielen durfte und dabei einen Spielerekord nach dem anderen aufstellte.

Der Schwerpunkt für mein BWL-Studium an der LMU in München war dann recht schnell klar: Wirtschaftsinformatik und Neue Medien. Währenddessen arbeitete ich bei Microsoft und durfte beispielsweise beim IT- und Partnerkongress mitwirken. Dort begegnete ich Steve Ballmer, dem damaligen Chef von Microsoft. Seine emotionalen und begeisternden Reden sind legendär. Für Unisys in Madrid arbeitete ich mit Kollegen aus 15 Nationen an Fallstudien über die neuesten Technologien und den damit gelösten Kundenproblemen. Es war und ist für mich super spannend zu sehen, welche Geschäftsmodelle sich mit den aktuellen Technologien erschließen lassen.

Was würdest du Frauen raten, die im IT-Bereich Fuß fassen oder sich weiterbilden wollen?

Heutzutage kann sich jede Frau zum Beispiel mit einem MOOC (Massive Open Online Course), Wikipedia oder YouTube in die Themen einarbeiten, die sie interessieren, und sich damit zur Expertin weiterentwickeln, ohne eine Universität vor Ort zu besuchen oder teure Studiengebühren zu bezahlen. Das ist eine Form von Freiheit, die uns allen mit einem Internetzugang offensteht. Es gibt zudem Netzwerke und Programme, die sich für Women in Tech engagieren. Firmen starten permanent neue Aktionen, um Frauen für die Technik zu begeistern. So erhielt ich beispielsweise ein Stipendium im Bereich Data Science von Bertelsmann. **Bei Themen wie der Künstlichen Intelligenz oder Datenwissenschaften bietet sich für Frauen eine riesige Chance**: Alle fangen mehr oder minder bei null an. In diesen Bereichen können Frauen aktuell etwas bewegen und die Welt verbessern. Frauen könnten diese Domänen für sich definieren und als Pionierinnen vorangehen.

Darüber hinaus ist meine Empfehlung, dass wir Frauen uns gegenseitig unterstützen. Es gibt in jedem Fall eine Expertin, die sich in speziellen Themen auskennt und sich freut, ihr Wissen weiterzugeben. Durch diesen Austausch sparen wir beim Lernen eine Menge Zeit und bauen unser Netzwerk aus. Frauen können auch konkret Empfehlungen für andere Frauen aussprechen, zum Beispiel für die nächste Podiumsdiskussion oder Keynote! Im besten Fall sieht die nachfolgende Generation in Frauen wie uns ein Vorbild und findet dadurch ihren Weg in die IT. Ich helfe gerne in den Bereichen Künstliche Intelligenz (KI), Digitale Transformation & Innovation und gebe meinen aktuellen Überblick über die diversen Netzwerke und Programme weiter. Kontaktiert mich am besten via LinkedIn.

Herzlichen Dank für die lebendige Unterhaltung!

„Es ist von unschätzbarem Wert, einen Freund zu haben, der deine Interessen teilt und dir hilft, motiviert zu bleiben."

Maryam Mirzakhani (Mathematikerin)

Unsere Buchempfehlungen Teil I

Bücher haben zu Recht eine hohe Faszination inne. Sie basieren in der Regel auf langen Recherchen, können motivieren und inspirieren und neue Wege aufzeigen. Länder- und Sprachbarrieren entfallen, so dass Wissen in demokratischer Form verfügbar ist. An mehreren Stellen in diesem Buch geben wir euch gerne Tipps zum Weiterlesen, wenn euch das Thema Frauen und Technologie interessiert.

Die Netzwerkbibel: Zehn Gebote für erfolgreiches Networking, Tijen Onaran (Autorin unseres Vorworts)

Bullshit, an den nur Frauen glauben, Anna Rossi (Interview-Gast in Kapitel 7)

Women who Launch, Marlene Wagman-Geller

Leave your mark, Aliza Licht

Geschlechterdarstellung in Computer- und Videospielen: Die Frage nach der Gleichberechtigung, Hella Grapenthin

Becoming: Meine Geschichte, Michelle Obama

Brotopia: Breaking Up the Boys' Club of Silicon Valley, Emily Chang

Technically Wrong: Sexist Apps, Biased Algorithms, and Other Threats of Toxic Tech (English Edition), Sara Wachter-Boettcher

11. Facettenreichtum und Engagement: Julia Götz, Key Account Manager @ Citrix Systems

Julia Götz, Key Account Manager Mittelstand Bayern, Citrix Systems

Über mich: Aufgewachsen im schönen München packte mich bereits nach dem Abitur das Fernweh und ich habe meine Leidenschaft für das Reisen und die unterschiedlichen Kulturen begonnen in diversen Auslandsaufenthalten zu vertiefen. Unter anderem bereiste ich Südamerika, Afrika und weite Teile Europas. In meinem Masterstudiengang in Passau ‚International Cultural and Business Studies' hatte ich den idealen Studiengang für mich gefunden, da er sowohl kulturelle als auch betriebswirtschaftliche Aspekte abdeckte. Schnell wurde mir klar, dass ich mich beruflich mit dynamischen und innovativen Themen auseinandersetzen möchte, Dinge bewegen und verbessern möchte mit direkt sichtbarem Ergebnis. Diese Erkenntnis sowie mein Wunsch nach direktem Kontakt mit Unternehmen und Kunden haben mich in die IT-Branche und in den Vertrieb geführt. Aus einem anfänglichen Reinschnuppern in die IT-Branche ist mittlerweile eine Leidenschaft geworden. In der IT habe ich die Möglichkeit, als Zukunftsgestalterin die Unternehmen dabei zu beraten, durch Digitalisierung Arbeitsmodelle und Prozesse nachhaltig zu verbessern. Ich freue mich, als Frau in dieser doch noch sehr männerdominierten Branche Fuß gefasst und ein erfülltes Berufsleben zu haben und mich zu verwirklichen. Authentizität, Engagement, ein gutes Netzwerk und Leidenschaft, nicht aber das Schubladendenken, sind letztendlich das Fundament für den beruflichen langfristigen Erfolg.

Kontakt:
LinkedIn: https://bit.ly/2ZWSsog
Xing: https://bit.ly/2MfqfRC

Liebe Julia, du hast einen spannenden Quereinstieg in die IT gewagt, berichte uns von deiner Reise.

Ich bin mittlerweile seit knapp vier Jahren in der IT-Branche tätig, komme aber aus einem komplett anderen Umfeld. Ich bin gebürtige Münchnerin, bin hier aufgewachsen und zur Schule gegangen – tatsächlich auf ein musisches Gymnasium, ich habe also keinen technologischen Hintergrund. Meine Eltern sind Lehrer in unterschiedlichen Bereichen. Ich war seit jeher sehr engagiert und wissensdurstig in der Schule, habe mich für verschiedene Themen interessiert. **Und ich war stets sehr zielstrebig und ehrgeizig, wollte erfolgreich sein, Karriere machen, auch am Puls der Zeit sein**.

Einen roten Faden in meinem Lebenslauf gibt es tatsächlich nicht. Nach der Schule habe ich mich entschlossen, Work & Travel zu machen. Ich habe ein Jahr lang zahlreiche Länder bereist und unvergessliche Erfahrungen gesammelt. Danach habe ich mich für ein interdisziplinäres Studium der Kulturwirtschaft in Passau entschieden, das ist eine Mischung aus BWL, Sprache und Politik. Es war ein toller Studiengang, der mir ein breites Spektrum an beruflichen Möglichkeiten eröffnete.

Mir wurde daher wiederholt die Frage gestellt, was ich mit dem Abschluss eines Tages machen werde, ob ich denn gerne an der Museumskasse arbeiten möchte. Das waren die Vorurteile, mit denen ich damals konfrontiert wurde. Für mich war es damals wichtig, mich breit aufzustellen, weil ich gemerkt habe, dass die Gesellschaft und die Wirtschaft sehr komplex sind. Und weil ich persönlich ein Mensch bin, der verschiedene Facetten in der zukünftigen Tätigkeit integrieren möchte.

Währenddessen habe ich Praxiserfahrung gesammelt und da hat mir der Umgang mit Menschen sehr viel Spaß gemacht. Das war eine Komponente, die ich weiterverfolgen wollte. Nach einem Auslandssemester in Chile und anschließendem Aufenthalt in Brasilien habe ich einen Masterstudiengang ergänzt, auch im Hinblick auf spätere Karrieremöglichkeiten. Selbst wenn es heutzutage offensichtlich ist, dass universitäre Abschlüsse nicht zwingend mit der tatsächlichen Fach-Expertise zusammenhängen. Nach dem Masterstudium war ich im Vertrieb in einem Fachverlag in der Finanzbranche mit

Schwerpunkt in der Kapitalanlage tätig, Es hat zwar sehr viel Spaß gemacht, doch habe ich schnell gemerkt, dass **ich in einer Branche tätig möchte, die direkt am Puls der Zeit ist und sich mit den Zukunftsthemen beschäftigt.** Aus diesem Grund dann mein Schritt in Richtung IT.

Bis zur zehnten Klasse hat mich Technologie eher weniger oder gar nicht interessiert. Sie war schlicht existent, man ist damit Schritt für Schritt aufgewachsen. Die Smartphones kamen, die Internetnutzung hat konstant zugenommen, unmittelbare Affinität hatte ich jedoch tatsächlich zunächst nicht. **Ich bin eher der analoge Mensch gewesen, der bin ich tatsächlich nach wie vor.** Ich lese Bücher in Print-Ausgabe, fasse gerne Dinge haptisch an, vermeide Online-Shopping. So gesehen vereine ich heutzutage beide Welten, aber die Affinität und die Leidenschaft für diesen Bereich kamen erst später.

Wie hat dein Umfeld auf deine Entscheidung reagiert?

Der engere Freundeskreis und mein Arbeitgeber waren sehr erstaunt. Es bestanden Zweifel, ob ich fachlich zurechtkomme, weil ich keine Ausbildung, Erfahrung oder Vorwissen hatte, sondern mir das Wissen in Eigenregie und Selbststudium angeeignet habe. Das Feedback war sehr unterschiedlich, von Irritation bis Ablehnung. Einige zweifelten: ‚Bist du dir sicher, dass du in dieser Branche langfristig tätig sein möchtest, da passt du doch gar nicht rein mit deinem Hintergrund und als Frau'. Erneut kamen diese Stereotypen hoch, eher von Menschen außerhalb der IT-Branche. Andererseits hörte ich viele anerkennende und motivierende Aussagen. Dass sie Respekt davor haben, wie schnell ich mich in Themen eingearbeitet habe und mich in den jeweiligen Unternehmen etabliert habe. Ich würde es tatsächlich als eine Art des ‚Sich-Beweisens' bezeichnen.

Wie eignet man sich dieses Wissen als Quereinsteiger an?

Es ist sehr viel Learning by Doing, ins kalte Wasser springen und Erfahrungen sammeln im Alltag, in Projekten und Kundensituationen. Der Austausch mit unterschiedlichen Bereichen ist ebenso wichtig. Früher waren es unterschiedliche Studienfächer, heute unterschiedliche IT-Komponenten. Es wird permanent komplexer, das Big Picture zu verstehen. Es schien mir wichtig, in meinen Tätigkeitsbereich tiefer einzutauchen und Fachwissen aufzubauen, denn nur auf diese Weise kann man langfristig erfolgreich sein und ernstgenommen werden. Da dürfen wir Frauen noch mehr Kraft investieren, um uns zu behaupten. **Fachwissen ist in unserem Segment wichtig, das verschafft ein anderes Auftreten.** Dass ich dies in der Praxis sehr gut umsetze, spiegeln mir Kollegen und Kunden wider. Neben dem Fachwissen ist

Methodenkompetenz wichtig sowie das Auftreten, das zwischenmenschliche Miteinander und Neugier, denn auf diesen Komponenten basieren Kundenbeziehungen und Netzwerk. **Auf Fachwissen alleine würde ich mich nicht verlassen**.

Welche Rolle spielte dein Geschlecht beim Einstieg?

Ich bin auf jeden Fall nicht auf verschlossene Türen gestoßen, weil ich eine Frau bin – im Gegenteil. **Ich habe es tatsächlich nicht als Hürde empfunden**. Weil die Unternehmen zunehmend Wert auf Diversität legen. Und weil ich aufgrund meiner Historie nachweisen konnte, dass ich bisher sehr erfolgreich war und meine Projekte mit positivem Ergebnis zu Ende gebracht habe. Meine Leidenschaft, Begeisterung und Hartnäckigkeit sind spürbar und nachgewiesen. Das war hilfreich beim Einstieg.

Bis dato habe ich mehrheitlich positive Eindrücke. Allerdings bin ich mir des Glass Cliffs sehr deutlich bewusst. Möglicherweise wird die Karriere ab einem bestimmten Level für Frauen schwieriger. Frauen verharren häufig lange in einem Status quo, auch wenn sie dort erfolgreich sind. Und dann würde ich differenzieren zwischen IT-Unternehmen, Partnern, Herstellern und Unternehmen am Markt. Bei Mittelständlern, öffentlichen Auftraggebern etc. treffe ich zum Beispiel in der IT nahezu keine Frau. Die Relevanz und Attraktivität der Unternehmens-IT ist noch nicht derart stark ausgeprägt wie in anderen Segmenten. Sowohl von Seiten der Unternehmen als auch von Seiten der Frauen. IT wird irrtümlich oft nicht als Arbeitsumfeld mit unmittelbarem Business Impact wahrgenommen, sondern eher als verwaltende Tätigkeit.

Was müsste sich aus deiner Sicht verändern?

Zum einen sehe ich die Regierung, den Staat, beim Thema Bildung in der Verantwortung. **Wir leben in einer digitalen Welt, in der Ausbildung fehlen jedoch digitale Kompetenzen** oder Wahlfächer im Bereich Wirtschaftsinformatik und Informatik. Dieses Stigma muss abgebaut werden. Stand heute kümmern sich drei Ministerien parallel um das Thema Digitalisierung, so dass vermutlich innenpolitische Themen im Fokus stehen und in geringerem Maße der Inhalt.

Daneben sind absolut klar die Unternehmen gefordert. Wobei ich das Gefühl habe, dass das Silodenken innerhalb der Unternehmensbereiche noch sehr stark vorhanden ist und die Relevanz für die Überlebensfähigkeit des Unternehmens noch nicht gesehen wird. Wenn die Unternehmen und die

Managementebene umdenken und das Thema anders im Unternehmen positionieren, zieht das eine höhere Attraktivität nach sich. Zu guter Letzt ist die Gesellschaft gefordert. **Wir alle haben Vorurteile, wir alle werden geschlechtsspezifisch aufgezogen**. Ich habe damals mit Eisenbahnen und Ritterburg gespielt … aber auch Barbies und Puppen geliebt. Da kann sich jeder selbst an die Nase fassen. Die Attraktivität der IT im Allgemeinen zu steigern, halte ich für sehr wichtig.

Wo ich einen sehr großen Unterschied sehe und da selbst versuche, an mir zu arbeiten, ist die Harmoniebedürftigkeit. Konflikte und Diskussionskultur haben vordergründig nichts mit der IT zu tun. Die Geschlechterspezifika werden dadurch präsenter, dass wir in der IT viel mit Männern diskutieren müssen und sich das Diskussionsverhalten deutlich unterscheidet. Und da sind wir zu wenig aggressiv. **Arroganz in einer gesunden Dosis hilft, anders wahrgenommen zu werden**. Und wir können unsere gut ausgeprägte zwischenmenschliche Komponente verstärkt nutzen. Das gerät durch den Fokus auf das Fachwissen schnell in Vergessenheit.

Mentoring finde ich sehr gut und spannend. Ich habe einen Mentor bei meinem aktuellen Arbeitgeber, der mir sehr hilft und der wesentlich mehr Erfahrung hat und unterschiedliche Unternehmen kennengelernt hat. Es hilft mir, mich auszutauschen und Tipps zu holen. Zum Beispiel in Bezug auf Talente, Neigungen und interessante Kontakte. Daneben hilft, sich proaktiv in andere Teams zu verknüpfen, projektbezogen und kundenbezogen, die teamübergreifende Zusammenarbeit zu fördern. Auf diese Weise bekommst du Visibilität und kannst gleichzeitig neue Erfahrungen sammeln. Ich erhalte im Allgemeinen sehr positives Feedback, wenn ich auf Kollegen und Führungskräfte zugehe, um mich auszutauschen. Neugier und Wissbegier fallen im Unternehmen auf und zeigen ein positives Engagement fürs Unternehmen. Und ich habe ein gutes Netzwerk, auch außerhalb des Unternehmens.

Wohin wird dich dein Weg führen?

Ich werde auf jeden Fall in der Branche bleiben. Da bin ich mir sicher, weil sie vielseitig ist, mich begeistert und ich viele Entwicklungsmöglichkeiten habe. Was die Tätigkeit betrifft, könnte ich mir durchaus vorstellen, mich mittelfristig in den Bereich Führung oder Management zu entwickeln, weil ich Gefallen daran finde, Dinge strategisch anzugehen und langfristig zu planen. Ich wage zu behaupten, dass ich gut mit Kollegen oder dem Team umgehen kann, delegieren kann und mir den Hut da aufsetze, wo nötig. Das ist ein anderes Level, um Impact zu haben auf sein Team, auf Entscheidungen, auf Projekte. Und das ist ein Umfeld, was ich sehr spannend finde. Ich möchte Freiheit und Entfaltungsmöglichkeiten haben, weil ich nichts schlimmer finde als Mikromanagement und puren Aktionismus von der obersten Führungsebene.

Ein wenig Sorge bereitet mir das Thema Vereinbarkeit von Beruf und Familie. Ich könnte mir durchaus vorstellen, gerne beides haben zu wollen. Ich bin verunsichert, weil ich das Gefühl habe, dass in vielen Branchen noch kein rundes Konzept vorhanden ist. Vor allem in Deutschland, die skandinavischen Länder sind da viel weiter. Manche haben erste Ideen wie einen Betriebskindergarten, üblicherweise können sich das nur die Konzerne leisten. Viele arbeiten an flexibler oder reduzierter Arbeitszeit, das ist die Basis. Und ja, es passiert langsam etwas, es gibt viele positive Beispiele. Managementaufgaben sind allerdings in aller Regel nicht so gestrickt, dass man in Teilzeit arbeiten kann. Es wäre schade, wenn man es als Entweder-Oder betrachten muss, das möchte ich nicht. Wir haben alle nur dieses eine Leben und man weiß nie, wie es mittelfristig weitergeht.

Die Tatsache, dass es kaum Frauen in oberen Managementpositionen gibt, schreckt mich gar nicht ab, weil es schon heute häufig so ist, dass ich nur mit Männern zusammenarbeite. Ich habe gelernt, mich in meinem Umfeld zu behaupten und eine Sensibilität für diese Andersartigkeit zu entwickeln. Je mehr Erfahrungen ich sammele, umso mehr durchschaue ich Strukturen oder Muster und weiß, wie man souverän auf dem Level reagieren kann. Ich will weiter Wissen aufbauen, weil Know-how relevant bleiben wird. Und ich will lernen, stärker zu priorisieren, weil das meines Erachtens eine wichtige Management-Kompetenz ist. Und schließlich werde ich weiter mein Selbstvertrauen stärken. **Mein Ziel ist es, das Gefühl zu haben, dass ich mich und mein Wissen nicht in Frage stellen muss**. Zu wissen, worin ich gut bin und das zu leben. Das ist in Teilen nicht leicht. Prinzipiell müsste man täglich trainieren, sei es mit Mantras oder Achtsamkeitskursen. Das hängt von der individuellen Persönlichkeit ab, ob man an sich selbst zweifelt und ängstlich ist. Aber man kann sich stets verbessern und weiterentwickeln, vieles ist gewiss Übung. **Letztlich möchte ich ermutigen, neugierig zu bleiben**. Keine Angst davor zu haben, etwas nicht zu können. Und diese Lust beizubehalten, sich weiterzuentwickeln, sich neu zu erfinden und nichts als gegeben hinzunehmen.

Lieben Dank für den offenen Gedankenaustausch!

12. Finanzen im Fokus (Expertenbeitrag): Margarethe Honisch, Finanzbloggerin & Autorin @ Fortunalista

Margarethe Honisch, Finanzbloggerin & Autorin, Fortunalista; Bildrechte: Alexander Dorn

Über mich: Fortunalista habe ich gegründet, um Frauen davon zu überzeugen, dass sie sich um ihr eigenes Geld kümmern müssen und zu zeigen, dass sie es alleine schaffen können. Ich selbst habe das Thema die ersten 30 Jahre meines Lebens verdrängt und wollte mich nicht damit befassen. Ich dachte, es sei viel zu kompliziert und ich hätte noch viel Zeit. Beides stimmt nicht: Wir Frauen müssen uns rechtzeitig um unsere Absicherung kümmern. Mir ist es wichtig, dass ich Frauen das nötige Finanzwissen unterhaltsam und auf Augenhöhe vermittle und zeige: Wenn ich das schaffe, dann schafft ihr das auch. Neben meinem Buch ‚Easy Money' biete ich Online-Kurse an, bei denen Frauen direkt in die Umsetzung kommen können. Das Thema ist viel zu wichtig, als es weiterhin zu verdrängen. Denn Geld bedeutet schließlich auch Unabhängigkeit und Sicherheit – darauf sollte keine Frau verzichten müssen.

Kontakt:
Website: https://fortunalista.de/
LinkedIn: https://bit.ly/3cmb1oz
Instagram: https://bit.ly/3dpqMwf
Facebook: https://bit.ly/2XjL6JV

Liebe Margarethe, wie bringst du der Frauenwelt als Fortunalista das Thema Finanzen näher?

Ich selbst habe recht spät begonnen, mich mit dem Thema Finanzen zu beschäftigen und auseinanderzusetzen. Ich komme aus dem geisteswissenschaftlichen Bereich, ich habe Kommunikations- und Medienwissenschaften studiert. **Meine Überzeugung war, zum Investieren brauche ich viel Geld**. Ich bin davon ausgegangen, dass ich das alles später machen kann, wenn ich mehr Geld habe. Deshalb habe ich das Thema vor mir hergeschoben, es hat mich nie begeistert oder interessiert. Dann kam ich letztendlich über Umwege zum Thema Finanzen. Ich musste jedoch feststellen, dass mich die Informationen wie Webseiten oder Seminare dazu nicht angesprochen haben. Es werden nach wie vor viele Stereotypen in der Finanzliteratur bemüht, wie die ‚fleißige Sekretärin'. Das hat mir die Lust genommen, mich damit weiter zu beschäftigen. Deshalb habe ich mich letztendlich entschieden, das Thema für Frauen so aufzubereiten, dass sie sich damit identifizieren können – auch ohne Vorwissen. Viele Frauen haben Angst davor, sich mit ihren Finanzen zu befassen oder sehen nicht die Notwendigkeit. **Weil Geld angeblich den Charakter verdirbt**. Oder sie nicht als geldgierig gelten wollen. Es fängt oft mit den Glaubenssätzen an.

Ich hatte nie daran gedacht, dass ich mich um meine Rente kümmern muss, weil ich stets brav in die Rentenkasse eingezahlt habe. Das System Sozialstaat funktioniert aber nicht auf diese Weise, es geht davon aus, dass wir zusätzlich privat vorsorgen. Denn das Rentensystem wurde seit den 1950er Jahren kaum verändert. Unsere Lebensentwürfe dagegen sind heute deutlich anders. **Altersarmut ist heute weiblich und dem möchte ich mit meinen Möglichkeiten entgegenwirken**. Daher habe ich Anfang 2017 meinen Blog gestartet. Das war keine leichte Entscheidung, denn ich dachte, die Welt braucht nicht noch einen Blog. Ich bin auch keine typische Blog-Leserin. Ich sah darin allerdings eine sehr gute Möglichkeit, Informationen und Wissen in die Welt hinaus zu tragen. Das schwierigste war am Anfang die Namensfindung. Ich bin ein Fan von Mythologie und bin auf ‚Fortuna' gestoßen, die Göttin des Glücks und des Schicksals. Das schien mir sehr passend, daher nennt sich der Blog nun Fortunalista.

Heute poste ich viel auf Instagram, um die Frauen zu erreichen, die das Thema noch nicht auf ihrer Agenda haben, sondern sich eher für Freizeit und Mode interessieren. Also gehe ich dorthin, wo die Frauen sind. Ich bereite die trockenen Finanzinhalte ästhetisch auf, so dass sich Frauen angesprochen und abgeholt fühlen. 2019 wurde mein erstes Buch in Zusammenarbeit mit dem Piper-Verlag veröffentlicht. Wichtig war mir bei dem Buch, dass es auf

Augenhöhe mit den Frauen und unterhaltsam geschrieben ist. So wie ich es mir damals gewünscht hätte. Es enthält Schritt-für-Schritt Anleitungen für all das, was Frauen brauchen, um Altersarmut zu vermeiden, um mit dem Investieren zu starten und Vermögen aufzubauen. Der erste Teil befasst sich mit den Grundlagen, wie ich Einkommen generieren oder erhöhen kann, wie man richtig spart und welche Versicherungen benötigt werden. Der zweite Teil zeigt auf, wie man gelassen in Aktien investieren kann. Und damit weist es einen Weg durch den Informationsdschungel, in dem nicht jederzeit klar ist, wem wir ernsthaft trauen können. Denn Banken sind keine Berater, sondern Verkäufer der eigenen Produkte. **Eigenständige Finanzbildung ist essenziell, um bewusst entscheiden zu können.**

Quelle: @Fortunalista, Instagram

Was hält Frauen davon ab, sich mit dem Thema Finanzen zu beschäftigen?

Ein großes Thema ist das Sicherheitsbedürfnis, das bei Frauen deutlich stärker ausgeprägt ist. Frauen sind noch eher davon überzeugt, dass Aktien riskant sind und man sein gesamtes Vermögen verlieren kann. Selbstverständlich wird das stark von den Medien geprägt, die das Auf und Ab der Märkte in Verbindung mit einem Totalverlust des Angesparten bringen. Außerdem hält der scheinbare Aufwand Frauen vom Investieren ab. Die landläufige Meinung ist, dass man jeden Tag Aktienkurse wälzen muss und Entscheidungen treffen muss. Ich selbst wähle meine Aktien sehr bewusst aus, halte sie dann jedoch über Jahre im Depot. Auf dem Sparbuch wird das Geld definitiv konstant weniger Wert.

Gewiss gibt es Frauen, die in schlecht bezahlten Berufen arbeiten, so dass zum investieren wenig Kapital vorhanden ist. Aber insbesondere Frauen in Teilzeit-Jobs sollten endlich an sich denken und an die eigene Altersvorsorge. Die Rente dieser Frauen wird in aller Regel zu gering sein, um sich bei steigenden Lebenskosten selbst zu finanzieren. Da geht es nicht um Reichtümer, sondern darum, das Alter in Würde zu verbringen. **Ein Mann als Absicherung ist ein schwacher Trost**, Ehen werden geschieden und vor Schicksalsschlägen sind wir alle nicht gefeit. Dann steht zunächst im Vordergrund, wie zusätzliches Einkommen generiert werden kann, auf welche Ausgaben ich verzichten kann oder wie Umschuldung funktioniert. Alternativ mit dem Mann einen neuen Lebensentwurf zu verhandeln, in dem beide weniger arbeiten oder der finanzielle Verlust der Frau durch den Mann ausgeglichen wird. **Das geht nur gemeinsam mit dem Partner, einfordern muss es jedoch die Frau**. Je früher wir anfangen zu investieren, umso mehr arbeitet die Zeit über den Zinseszins für uns. Der größte Fehler ist, zu spät anzufangen. Der Hebel wirkt erst dann, wenn man einige Jahre finanziert ist.

Politisch wäre ein erster Schritt die Abschaffung des Ehegattensplittings. Der führt dazu, dass es sich heute steuerlich oft nicht lohnt, dass die schlechter verdienenden Frauen arbeiten gehen. Daher bleibt oftmals die Frau zuhause oder arbeitet in einem 450 Euro-Job. Dadurch wird weniger Geld in die Rentenkasse eingezahlt. Einmal davon abgesehen, dass die Karriere aufgegeben wird. Nachdem die Kinder erwachsen sind, fallen viele Frauen zudem in ein tiefes Loch, weil der Lebensinhalt abhandengekommen ist. Für die Frau ist das ein Fiasko.

Hast du praktische Tipps für den Einstieg?

Tatsächlich wissen viele Menschen nicht, wofür sie Geld ausgeben. Ein Haushaltsbuch kann da ein guter Anfang sein. Das geht höchst simpel in einem Heft, in dem alle Einnahmen und Ausgaben notiert werden. Wichtig ist, dass man alles aufschreibt und tatsächlich jede Semmel einträgt. Diese kleinen Beträge machen einen sehr großen Unterschied, der Kaffee beim Bäcker kommt schnell auf 40 Euro im Monat, also rund 400 Euro im Jahr. Ein sehr guter Trick ist, sich am Anfang eines Monats direkt den Betrag zur Seite zu legen, den wir sparen wollen. Denn am Ende des Monats ist wie von Zauberhand stets das gesamte Geld verschwunden. Deswegen direkt am Monatsanfang das Geld auf ein Tagesgeldkonto transferieren. Das gibt Sicherheit, denn es ist theoretisch da, allerdings nicht täglich im Sichtfeld. Wenn ich spüre, dass ich auf den Betrag verzichten kann, kann ich das Geld entsprechend investieren.

Und schließlich dürfen wir uns als Frauen daran gewöhnen, unser Gehalt zu verhandeln. Das machen Frauen typischerweise nicht gerne. Weil sie häufig das Gefühl haben, sie wären Bittsteller. Es ist ein Geben und Nehmen zwischen zwei Parteien. Und da darf man gute Leistung bringen und man darf gutes Geld auf Augenhöhe einfordern. Eine gute Vorbereitung und logische Argumente sind dabei essenziell. Es geht nicht darum, dass wir eine Gehaltserhöhung verlangen, um mehr zu konsumieren. Sondern weil wir besondere Leistungen erbracht haben, unsere Expertise aufgebaut haben und dem Unternehmen Geld gespart oder Gewinne ermöglicht haben. **Da wir diese Erfolge jedoch gerne vergessen, sollten wir sie regelmäßig reflektieren und notieren**. Und wenn man alleine nicht weiterkommt, holt man sich Hilfe bei einer Freundin oder einem Coach, um die Situationen durchzuspielen und die Verhandlung zu trainieren. Das schafft Routinen und Sicherheit, wenn bei der Verhandlung Durchsetzungskraft und Beharrlichkeit gefragt sind. Frauen neigen dazu, zu schnell klein beizugeben.

Quelle: @Fortunalista, Instagram

Wenn es Frauen leichter fällt, sich mit den Themen in einem geschützten Rahmen auseinanderzusetzen, dann gibt es heute viele Netzwerke, in denen wir gegenseitig Erfahrungen austauschen und lernen können. Denn ich habe die Erfahrung gemacht, dass die direkten Freunde dafür nicht unbedingt die beste Anlaufstelle sind; meine Freundinnen hatten sich mit dem Thema nicht beschäftigt. Letztendlich ist es essenziell, dass wir uns zutrauen, mit Finanzen umzugehen. Frauen sind unglaublich gut im Recherchieren, denken wir nur an die Urlaubsorganisation. Beim Thema Finanzen sind Frauen allerdings eher umsetzungsschwach. Das wäre in etwa so, wie ein Flugticket zu lösen, aber dann nicht einzusteigen. **Es ist wissenschaftlich erwiesen, dass Frauen besser investieren, vor allem weil wir ein sensibles Risikobewusstsein haben. Diesen Vorteil sollten wir nutzen.**

Besten Dank für die wertvollen Tipps!

„Wenn die Gesellschaft nicht die freie Entwicklung der Frau akzeptiert, dann muss die Gesellschaft umgestaltet werden."

Elizabeth Blackwell (Ärztin)

Margarethe Honisch ist ein fantastisches Role Model, nicht nur im Hinblick auf ihre Finanz-Expertise. Sondern auch im Bezug auf Schöpfergeist und Unternehmertum. Eine nebenberufliche Gründung kann für Frauen und Männer gleichermaßen die Möglichkeit sein, das Unternehmerdasein in einem sicheren Rahmen zu erproben. Geringeres Risiko und weniger Druck sprechen genauso wie die einfachere Finanzierung für den Test einer Idee im geschützten Rahmen, während gleichzeitig Zeit bleibt für Beruf, Weiterbildung und Familie.

Wieder mehr Vollerwerbsgründungen durch Frauen			
Anteil Frauen in %	2002	2010	2018
Alle Existenzgründungen	34 %	38 %	40 %
Vollerwerbsgründungen	31 %	28 %	38 %
Nebenerwerbsgründungen	36 %	45 %	41 %
Nach: KfW Bankengruppe (2019): Kfw-Gründungsmonitor 2019, S. 3 (Auszug)			

---

13. Das Netzwerk ist der Schlüssel: Oksana Braune, Vertriebsleiterin @ Komprise

Oksana Braune, Vertriebsleiterin Region Zentraleuropa, Komprise

Über mich: In mehr als 25 Jahren habe ich in leitenden Positionen im Vertrieb für IT-Unternehmen mit einem Schwerpunkt in Cloud-, Speicher- und Netzwerktechnologien gearbeitet. Meine berufliche Laufbahn führte über Allied Telesyn, RadioLAN, LSI Engenio, Oracle, Panzura, Zadara. Seit Anfang 2020 bin ich bei Komprise für den Vertrieb in der Region Zentral Europa zuständig. Ich halte den Titel Master of Business Administration (MBA) der Kellogg Business School der North Western University (USA) und WHU-Otto Beisheim School of Management in Vallendar. Ich bin Mutter von zwei Jungs im Alter von zehn und acht Jahren. In der Freizeit beschäftige ich mich gerne mit Sport, Wellness, Kochen und Reisen. Mich interessieren andere Kulturen und Menschen, ich lerne gern Neues kennen.

Kontakt:
LinkedIn: https://bit.ly/3eGZCRV
Xing: https://bit.ly/36ML00m

Liebe Frau Braune, wie hat Sie Ihr Weg in die IT geführt?

Ich komme ursprünglich aus der Ukraine, dort habe ich BWL studiert und Deutsch gelernt. Meinen ersten Job habe ich hier in Deutschland in der IT bekommen und das hat die letzten 24 Jahre geprägt. Ich bin in der IT eingestiegen und in der IT geblieben. In Deutschland habe ich später noch meinen Executive MBA gemacht bei Kellogg WHU. Dafür habe ich mich bewusst entscheiden, weil ich eine Management-Karriere anstrebte. Mein Vater, der auch Unternehmer war, hat mich in diesem Bestreben sehr geprägt. Natürlich waren das zwei anstrengende Jahre, neben dem Beruf zu reisen und die wöchentlichen Module von Donnerstag bis Sonntag zu absolvieren. Wir hatten zusätzlich die Auslands-Module, die waren noch länger. Der Vorteil war, dass wir damals noch keine Kinder hatten, dennoch bin ich damals an meine Grenzen gekommen.

Wie hat sich alles entwickelt, nachdem Sie nach Deutschland kamen?

Als ich nach Deutschland kam, habe ich Unternehmen gesucht, die nach Osteuropa expandieren wollten. Das war der logische Faden. Die Liste dieser 50 Firmen habe ich mir von der IHK besorgt und habe sie alle angerufen. Ich bin recht pragmatisch vorgegangen, habe drei oder vier Bewerbungsgespräche geführt. Eingestellt wurde ich dann von Allied Telesis, das ist ein Hersteller von Netzwerk-Produkten. Dort bin ich im Vertriebsinnendienst mit dem Schwerpunkt Telesales/Telemarketing eingestiegen, um Partner zu akquirieren. Das war sehr erfolgreich. Learning by doing, schließlich hatte ich keine Ahnung von Netzwerken, das musste ich mir selbst beibringen. Lernbereitschaft war da selbstverständlich vorausgesetzt, auch durch selbständige technologische Weiterbildung. Später habe ich mich von Netzwerken weiterentwickelt zu Datenspeicher- und Cloud-Technologien. Schlicht, weil der Bedarf im Unternehmen vorhanden war. Frauen können in diese Berufe kommen, selbst wenn der MINT Weg nicht von den Eltern oder der Schule vorgezeichnet ist. Sie müssen sich jedoch einarbeiten wollen. Viele Mädchen interessieren sich nicht für IT oder wollen nicht auf spezielle Schulen, weil die Freundinnen nicht dort sind. **Und da ist die Unterstützung der Familie das Wichtigste, um diese Begabung zu fördern**.

Welche Rolle spielt dabei das Netzwerk?

Der größte Mehrwert meines späteren Studiums war, dass ich aus der sehr spezifischen, männerdominierten IT-Welt rausgekommen bin. Ich habe viele Kollegen aus anderen Branchen kennengelernt und dort Einblicke bekommen. Das gibt einen breiten Blick und ein Netzwerk, das im Nachhinein bleibt. **Das Netzwerk ist für mich der Schlüssel von beruflichem Erfolg und Weiterentwicklung**. Alle Jobs, die ich hatte, habe ich durch mein Netzwerk bekommen. Manchmal waren die Entscheidungen richtig, andere Male falsch. Ein Wechsel in ein Start-up Unternehmen war beispielsweise unglücklich, weil sich im Nachhinein herausstellte, dass der deutsche Markt für deren Technologie in der Public Cloud zum damaligen Zeitpunkt noch nicht reif war. Daher war es vertrieblich schwierig, es standen Datenschutzbedenken im Vordergrund. Vier Jahre später wäre die Lage eine andere gewesen. Es fühlte sich dennoch an wie eine persönliche Niederlage, weil mich ein von mir sehr respektierter Manager für diese Rolle empfohlen hatte. Ich konnte die Ergebnisse nicht liefern und habe damit indirekt das Vertrauen in mich und sein Ansehen beschädigt. **Dieses hohe Verantwortungsgefühl ist möglicherweise typisch weiblich.** Ich achte sehr stark auf die persönlichen Beziehungen, dass ich Erwartungshaltungen erfülle. Andere Menschen verlassen sich auf mich, also will ich liefern. Die Männer sehen das pragmatischer, sie fassen das als Challenge auf und wenn es nicht klappt, dann klappt es nicht.

Stehen wir uns also selbst im Weg?

Im Allgemeinen ist es so: Wenn jemand erfolgreich ist, egal ob Frau oder Mann, wird derjenige nicht in Frage gestellt. Und trotzdem wird vieles auf das Geschlecht bezogen. Ich habe einen sehr guten Freund, der eine Spitzenposition in einem großen Unternehmen in Deutschland hat. Obwohl wir uns sehr gut kennen, nutzt er im Gespräch wiederholt Floskeln wie ‚typisch Frau' oder ‚die Frau hat zu wenig delegiert'. **Frauen tendieren dazu, sich sehr detailliert mit Themen auseinanderzusetzen**, sie wollen in der Tiefe verstehen, bevor sie eine Entscheidung treffen. Das führt dazu, dass man mehr arbeitet, selbst auf der Top-Managementebene. Und es ist ein Spagat, wo ich die Grenze setze, was ich delegiere und was ich selbst mache, um das Ziel zu erfüllen. Denn meine Mitarbeiter sind ein Teil von meinem Ziel. Ich muss ihnen also helfen, ihre Ziele zu erreichen, plus ich muss selbst liefern.

Das ist für mich die größte Herausforderung, auch in Bezug auf meine Familie, weil ich mittlerweile zwei Kinder habe, die im Schulalter sind. Wir haben zwar eine Kinderbetreuung, organisatorisch muss ich mir keine Gedanken machen. Aber inhaltlich muss ich entscheiden, wie viel Zeit ich mit Hausaufgaben oder den Kindern verbringe. **Ich selbst bin meist die Letzte, um die ich mich kümmere.** Mittlerweile blocke ich jedoch Zeit für Sport oder um Freunde zu treffen. Das kann ich nicht rauslassen, anderenfalls gibt es mich als Individuum nicht mehr. Ich bin gleichzeitig überrascht, dass nicht alle großen IT-Unternehmen Lösungen für die Kinderbetreuung anbieten. Positiv erinnere ich mich an Oracle und VW. Da sind große Unternehmen eindeutig im Vorteil. Allerdings müssen Frauen diese Hilfe dann auch annehmen.

Welche Vorteile haben dann kleinere Unternehmen?

In den letzten Jahren war ich vor allem in mittelständischen Unternehmen. Hier spielen Nationalität und Kultur üblicherweise keine Rolle, sondern die Leistung zählt. Große Unternehmen sind oftmals politisch und sehr langsam, das entspricht nicht meiner Arbeitshaltung. Der Raum für die eigene Initiative war mir zu klein. Ich musste beispielsweise Teams mit schlechter Leistung übernehmen, ich durfte aber andererseits die Teamzusammensetzung nicht verändern, ich durfte also nicht neu einstellen oder intern versetzen. Das minderte meine Freiheit und verschlechterte das Ergebnis. Und es verbrauchte Energie, die ich für mich und meine Familie brauche, wiederholt gegen Mauern anzukämpfen, für Personal oder Investitionen.

Auf der anderen Seite haben große Unternehmen für Frauen den Vorteil, dass es spezielle Maßnahmen zur Frauenförderung gibt. Für mich war das eine reine Kalkulationsaufgabe: Was kostet die Kinderbetreuung und kann ich mir das finanziell leisten. Häufig sind da die individuellen Packages in kleineren Unternehmen vorteilhafter. Letztlich ist es eine individuelle Entscheidung, abhängig vom Lebensentwurf und davon, was der Mann übernehmen kann und will. Wenn ich mich für die Rolle als Mutter entscheide, ist es keine Lösung, alles damit Verbundene abzugeben. Wenn wir uns als Frauen gegen Karriere entscheiden, ist es ebenso unsere eigene Entscheidung. Das finde ich völlig in Ordnung. Ebenso wie es Mütter geben darf, die sich entscheiden, zu Hause zu bleiben und nicht arbeiten zu gehen. Solange es eine aktive Entscheidung ist. Es ist schade, wenn eine Frau gerne Karriere machen möchte, sie aber zurückgehalten wird.

Was muss sich in Gesellschaft, Politik und Unternehmen ändern?

Wir haben in Deutschland einen absoluten Mangel in MINT-Berufen. Die Lösung, ausländische Arbeitskräfte ins Land zu bringen, reicht bei weitem nicht. **Die Politik sollte diese Berufe den Kindern bereits in der Schule schmackhaft machen**. Aber selbst, wenn die Investitionen durch die Digitalisierungs-Initiative vorhanden sind, gibt es keine qualifizierten Lehrer. Mittlerweile ist die Zahl der Kinder, die sich für Informatik interessieren, sogar rückläufig. Hier sollten die Unternehmen die MINT-Berufe interessanter machen. Sonst sind am Ende die Kinder gut ausgebildet, gehen aber ins Ausland; Kalifornien hat da das deutlich positivere Image. In der Familie sind die Eltern selbst gefragt. **Wenn das Kind entsprechende Veranlagungen hat,**

sollten diese gefördert werden. Es ist ein vielschichtiges Problem. Die Frauenquote als Bevormundung der Unternehmen ist meines Erachtens nicht die Lösung. Unternehmen sollten gewillt sein, qualifizierte Frauen bis in die Vorstandsebene zu bringen. Qualifikation und Erfahrung sind nicht abhängig vom Geschlecht, der bessere sollte den Job machen. Allerdings sollten Frauen und Männer bei gleicher Qualifikation dasselbe Gehalt bekommen, das ist aus eigener Erfahrung noch lange nicht gegeben.

Frauen, die sich für die IT interessieren, sollten in eine entsprechende Qualifikation und Berufserfahrung investieren. Neben der Technologie sollten sie ein breites Businessverständnis aufbauen. Die Tech-Branche ist nicht derart komplex, wie sie von außen scheint. **Erfolgreich können Frauen dann werden, wenn sie authentisch bleiben, die Intuition bei allen rationellen Überlegungen nicht verlieren und nach den eigenen Regeln agieren.** Niederlagen machen uns stärker und Entscheidungen sind nicht für die Ewigkeit. Aus jedem Fehler sollten wir sorgfältig lernen und nicht blind anderen folgen.

Ich danke Ihnen für das offene Gespräch!

Frauen in Führungspositionen sind keine Selbstverständlichkeit. Der geringe Frauenanteil schwankt nochmals deutlich im Bezug auf unterschiedliche Branchen. Zudem übernehmen Frauen in Vorstandspositionen überdurchschnittlich häufig Verantwortung für operative Funktionen, Finanzen oder Personal. Die Quote der weiblichen CTOs ist dagegen verschwinden gering. Wenn wir fest davon überzeugt sind, dass Technologie und Menschlichkeit gleichermaßen bedeutende Rollen bei der Gestaltung unserer Gesellschaft spielen, müssen wir diesen Zustand aktiv verändern.

Anteil weiblicher Vorstandsmitglieder nach Branchen (01.01.2020)	
Telekommunikation	16,0 %
Automobilbranche	14,0 %
Finanzbranche	13,3 %
Handel	8,8 %
IT/Software/Technologie	6,3 %
Nach: Ernst Young (2019): Mixed Leadership-Barometer Januar 2019, S. 10 (Auszug)	

„38 Prozent der 12- bis 14-jährigen befragten Schüler können sich einen technischen Beruf für sich vorstellen, unter Schülerinnen liegt der Anteil bei nur fünf Prozent. Geschlechterstereotype Vorstellungen sind eine mögliche Erklärung für die sehr unterschiedlichen Berufswünsche; Elternhaus spielt in diesem Zusammenhang eine Rolle. Bereits ein halbtägiger Berufsorientierungsworkshop kann geschlechterstereotype Denkweisen in Bezug auf Technik reduzieren, sowohl bei Jungen als auch bei Mädchen."

Deutsches Institut für Wirtschaftsforschung e.V. (2020): Wochenbericht 13/2020, S. 1

Zuständigkeitsbereiche weiblicher Vorstandsmitglieder (Mehrfachnennungen möglich, 01.01.2020)	
Operative Funktion	30 %
CFO	22 %
Personal	22 %
Zentralfunktion	16 %
CEO	8 %
COO	6 %
CTO	3 %
Nach: Ernst Young (2019): Mixed Leadership-Barometer Januar 2019, S. 9 (Auszug)	

14. Programmieren ist kreativ: Dr. Jenny Meyer, Senior Data Analyst @ weekend.com

Dr. Jenny Meyer, Senior Data Analyst, weekend.com

Über Jenny Meyer: Obwohl sie Volkswirtin ist, hat sich Dr. Jenny Meyer bereits während ihrer Promotion mit der Auswirkung der Digitalisierung auf die Arbeitsproduktivität und Innovationsfähigkeit von Unternehmen beschäftigt. Anschließend hat sie zehn Jahre lang Unternehmen bei der Einführung des digitalen Arbeitsplatzes beraten. Obwohl ihr Schwerpunkt auf Kultur- und Organisationsveränderung lag, hat sie sich intensiv mit den IT-Tools, welche die Basis für die digitale Transformation des Arbeitsplatzes bilden, beschäftigt. Nachdem sie sich mit Online-Kursen die Programmiersprachen SQL und Python beigebracht hat, ist sie als Senior Data Analyst in ein Start-up gewechselt. Hier verantwortet sie den Business Intelligence (BI) Bereich und beschäftigt sich neben der Datenanalyse mit dem Data Warehouse und den IT-Lösungen, welche die Datenhaltung und -analyse optimieren. Ihr Motto ist: Man kann viel mehr erlernen, als man denkt, und jede berufliche Veränderung ist eine Chance!

Kontakt:
LinkedIn: https://bit.ly/3gGASuC
Xing: https://bit.ly/2MiBdWy

Liebe Jenny, herzlich willkommen, wir sind sehr gespannt auf deinen Bericht.

Ich habe in VWL promoviert, das heißt ich bin Wirtschaftswissenschaftler, habe mich jedoch während der Doktorarbeit bereits mit dem Einsatz von IT in Unternehmen beschäftigt: Wie beeinflusst IT die Innovationsfähigkeit und Produktivität von Unternehmen? Wie wirkt sich IT auf ältere Mitarbeiter aus, wie verändert es die Organisationsform? Ich wollte zum Beispiel wissen, ob der positive Zusammenhang zwischen IT und Produktivität bei einem hohen Anteil an älteren Beschäftigten konterkariert wird. Um es kurz zu machen, **im Ergebnis sind altersgemischte Teams eine gute Lösung**. Im zweiten Teil habe ich analysiert, ob Unternehmen, die soziale Medien wie Diskussionsforen oder Blogs zur Kommunikation und Zusammenarbeit einsetzen, eine höhere Innovationswahrscheinlichkeit haben. Der Effekt war vorhanden, aber nicht kausal nachweisbar. Das war mein erster Touchpoint mit dem IT-Thema.

Nach der Doktorarbeit wollte ich in der Praxis sehen, was ich theoretisch erforscht habe. Deshalb bin ich in die IT-Beratung gegangen, zu einer Tochter der T-Systems. In der Digitalisierungsberatung lag mein Fokus auf Themen wie Digital Workplace oder Kollaborations-Lösungen wie Microsoft Sharepoint oder Confluence. Tools, die Mitarbeiter dazu befähigen, besser miteinander zu kommunizieren oder Dokumente und Wissen auszutauschen. Nach Zwischenstationen bei einem großen Energie-Konzern und vier Jahren Selbstständigkeit bin ich seit 2019 erneut angestellt in einem Start-up, das hat mich gereizt. Und zwar in dem Bereich Business Intelligence und Analytics als Senior Data Analyst. Es macht mir viel Freude, auch Programmiersprachen beherrschen zu müssen. SQL und Python sind die gängigen Sprachen für Datenbanken, Machine Learning und Data Science. Gelernt habe ich diese Sprachen im Selbststudium bei Anbietern wie Udemy und Coursera, da gibt es viele Kurse mit guten Praxisbeispielen.

Wie hat es dein Umfeld wahrgenommen, dass du als Frau in der IT unterwegs bist?

Mein Umfeld hat mich nie als Tech- oder IT-Mensch wahrgenommen. Selbstverständlich wissen alle, dass ich gerne analytisch und strukturiert arbeite und mich für Technologien interessiere. Wenn ich an meine Kollegen und Kunden zurückdenke, war ich tatsächlich sehr häufig die einzige Frau in der Runde. Sei es im Konzern oder beim Start-up. Aktiv darüber nachgedacht habe ich bis heute nicht; das fällt mir erst jetzt auf, dass das eine Art Muster ist. Rückblickend habe ich insbesondere am Anfang meiner Karriere gespürt, dass ich als Frau in dem doch eher männer-lastigen Tech-Bereich nicht richtig ernst genommen wurde. **Was mir hierbei geholfen hat, war dann doch der Doktortitel.**

Ende Zwanzig habe ich testweise meine blonden Haare dunkel gefärbt. Und ich habe richtig gemerkt, dass es beeinflusst, wie Menschen und insbesondere Männer im Business-Kontext mit mir umgehen. Es hat mir die Augen geöffnet für diese unterschwelligen, geschlechterspezifischen Vorurteile. Mit der Lebens- und der Berufserfahrung wächst zweifellos die Kompetenz. Man bleibt gelassener, wenn diese Themen aufkommen. Man lässt sich nicht in gleichem Maße provozieren wie zwei Jahre nach dem Berufsstart. Nach wie vor werden Frauen jedoch gerne unterschätzt. Oftmals warten Männer ab, ob ich etwas zu sagen habe – und werden dann positiv überrascht. Teilweise ärgert mich das und ich gehe in eine Art Verteidigungsstellung, in der ich nachdrücklich hervorhebe, was ich kann. Aber in anderen Fällen mache ich ungeniert mein Ding und derjenige wird nachher schon sehen, dass es gut war. Eine richtig gute Strategie, damit umzugehen, habe ich nicht. Es ist momentabhängig.

Was müsste sich ändern?

Ich würde sagen die Gesellschaft. Und die Gesellschaft sind wir alle. Das ist Wirtschaft, Politik, Erziehung. Ich kenne zwar einige weibliche Personen, die sich für Technik begeistern oder im IT-Umfeld tätig sind. Das Gros der Frauen interessiert sich allerdings meiner Erfahrung nach nicht für diese Themen. Da kann selbst die Politik nichts ändern. Selbst wenn es eine Frauenquote in der IT-Abteilung gäbe, das würde das Problem nicht lösen. Denn das Problem fängt bereits viel früher an. Im Kleinkindalter werden von jeher vorbelegte Rollenbilder vermittelt. **Technik ist Jungssache und Barbiepuppen sind Mädchensache**. Klar ändert sich das ein bisschen, jedoch sehr langsam.

Oftmals ist IT oder Softwareentwicklung in der Außenwirkung nerdbehaftet. Das sind scheinbar Männer mit Nickelbrille und Karohemd, die den gesamten Tag vor dem Computer sitzen und Tiefkühlpizza essen. Dieses Klischee stimmt zwar zum Teil, aber es ist nicht 1:1 so. Positiv gesehen haben Nerds keine kompetitive Ellbogen-Mentalität, sondern machen absolut natürlich ihr Ding. **Es ist vielen nicht bewusst, wie kreativ Programmieren ist und dass es sehr befriedigend sein kann, dabei etwas zu erschaffen**. Es herrscht viel zu wenig Bewusstsein dafür, wie viel Spaß Technik, IT und Programmieren machen können.

Weil Technologie so sehr unser Leben beherrscht, würde ich heute jungen Menschen – ob männlich oder weiblich – empfehlen, programmieren zu lernen. Wenn unser Leben von Apps und mobilen Geräten definiert wird, sollte ein Grundverständnis dafür vorhanden sein. Damit man wieder Autonomie gewinnt und sich nicht ausgeliefert fühlt. **Wichtig ist es, die Vorurteile abzulegen, mutig zu sein und sich diesen Schritt zu trauen**. Man muss nicht direkt Entwickler werden, man kann ebenso in die IT-Beratung gehen. Dabei darf man sich davon gedanklich freimachen, dass Entscheidungen endgültig sind. Man kann doch zwei Jahre eine Sache verfolgen und dann in einen anderen Bereich wechseln. Das Technologie-Umfeld ist so dynamisch, dass sich regelmäßig Neues ergeben wird.

Was wird sich in den nächsten zehn Jahren ändern?

Ich bin da optimistisch, es bewegt sich viel, auch an kleinen Stellschrauben. Die Welt wird und muss in zehn Jahren anders aussehen. Wir grenzen heute die Hälfte der Bevölkerung aus der Branche aus, die faktisch unsere Zukunft sichert; das ist aberwitzig. Daher muss es sich zwangsläufig in die Richtung entwickeln, dass deutlich mehr Frauen im IT-Bereich ihre Rolle finden. **Frauen empfehle ich, mit Neugier und ein bisschen Gelassenheit an die Sache zu gehen**. Es gibt genügend Optionen. Es geht kaum ein Weg an Tech vorbei, egal wo man anfängt oder herkommt. Der Weg dorthin ist stets offen, wenn man Interesse hat und bereit ist, in sich selbst zu investieren und sich weiterzuentwickeln. Es ist ein Bereich, vor dem man keine Angst haben muss und der sehr spannend ist. Über den nur häufig nicht genug oder nicht in einer spannenden Weise berichtet wird. Man kann als Frau durchaus den eigenen Weg finden, es gibt ausreichend Randbereiche und Berührungspunkte. Es ist für alle eine Bereicherung, wenn beide Geschlechter den gleichen Einfluss nehmen und ihre besonderen Charakteristika einbringen.

Besten Dank für die spannenden Insights!

„Frauen interessieren sich für Technik, wenn sie in den richtigen Kontext gestellt wird. (…) Frauen arbeiten lieber interdisziplinär als Männer. Frauen sind an viel mehr Fächern und Themen interessiert als Männer. Spricht man diese Interessen von Frauen in Studium oder Beruf nicht an, meiden auch talentierte Frauen technisch-naturwissenschaftliche Fächer."

ETH Zürich (2019): Frauen können keine Mathematik, S. 2

15. Lebe dein Leben: Dorothee Andermann, Manager TAM Team Germany @ Google Cloud

Dorothee Andermann, Manager TAM Team Germany & Leiterin des SAP Center of Excellence für Professional Services, Google Cloud

Über Dorothee Andermann: Dorothee Andermann leitet das Team der Technical Account Manager in Deutschland und verantwortet das SAP Center of Excellence für EMEA, das sie innerhalb der Professional Service Organisation aufgebaut hat. Dorothee ist eine dynamische und international erprobte Führungspersönlichkeit mit mehr als 20 Jahren Erfahrung in der IT-Industrie gepaart mit tiefer Prozess- und Manufacturing-Industrie-Expertise. Sie hatte verschiedene globale Rollen im Bereich Entwicklung, Produkt Management, Business Development, Solution Management und Partner Management inne. Während ihrer 15-jährigen Karriere bei SAP in Deutschland und den USA hat Dorothee in verschiedenen globalen Führungsrollen ein breites Spektrum an Lösungen entwickelt und auf den Markt gebracht, zuletzt als Senior Direktor der SAP HANA Enterprise Cloud mit Fokus auf die neuen Cloud Services. Bevor sie bei Google anfing, hat Dorothee mit ihrer eigenen Firma Visio2Actio erfolgreich Unternehmen und Start-ups im Bereich Digitalisierung und agiles Produktmanagement beraten. Dorothee ist eine Expertin für Cloud, Internet of Things / Industry 4.0, Security, Big Data and SAP-Lösungen. Das Vernetzen von Frauen ist ihre Passion, sie hat in den letzten 15 Jahren Netzwerke für Frauen initiiert und geleitet – unter anderem bei SAP, im Women's Leadership Forum of Greater Philadelphia und im Women-in-Network, einem Netzwerk von Frauennetzwerken von 17 führenden Firmen in und um München. Ihr Motto: ‚**Lebe dein Leben, alle anderen sind schon besetzt**!'.

Kontakt:
LinkedIn: https://bit.ly/2ZXbv20
Xing: https://bit.ly/2XOhgw7
Facebook: https://bit.ly/3eEkOrI
Twitter: https://twitter.com/andermannd

Liebe Dorothee, woher kommt deine Leidenschaft für die Mathematik?

Ich bin im Norden Deutschlands aufgewachsen und habe mich seit jeher viel mit Zahlen beschäftigt. In der Grundschule hat mich Mathematik begeistert und in der vierten Klasse fasste ich den Plan, später Mathematik zu studieren. **Ich bin eine Planerin, bei mir gibt es stets einen Plan B und Plan C**. Ich werfe Pläne um, wenn es die Umstände erfordern, aber ich bin der festen Überzeugung, dass wir einen Plan brauchen, um ans Ziel zu gelangen. Meine Eltern waren sich damals nicht sicher, ob ich das Abitur anstreben sollte und erst der Konrektor der Schule überzeugte sie, mich auf ein Gymnasium zu schicken. Glücklicherweise war mein Gymnasium damals Teil einer Initiative der niedersächsischen Schulen und damit eine der ersten Schulen, in denen ein Computerraum eingerichtet wurde. Somit konnte ich ab der neunten Klasse Informatikkurse besuchen. Mit MS Basic habe ich begonnen zu programmieren und bin dann zu Turbo Pascal gewechselt. Ich kann mich nicht mehr daran erinnern, ob es noch andere Mädchen in diesen Kursen gab. Das spielte jedoch für mich nie eine Rolle. Damals hat sich bereits gezeigt: **Wenn ich eine technische Sache nicht kenne, weckt das sofort mein Interesse**.

Wie ging es dann nach der Schule bei dir weiter?

Um mein Englisch aufzupolieren, bin ich nach meinem Abitur als Au-pair für zwölf Monate ins Silicon Valley gegangen. In der Familie mit zwei kleinen Kindern, für die ich dort gearbeitet habe, haben beide Eltern in Vollzeit gearbeitet. Auch in den Familien, die ich durch andere Au-pairs kennengelernt habe, war es entsprechend. Das hat mich sehr geprägt. **Es stand nie zur Diskussion, mich als Frau entweder für Kinder oder den Beruf entscheiden zu müssen**.

Nachdem ich zurück in Deutschland war, entschied ich mich dann tatsächlich für ein Mathematikstudium mit den Nebenfächern Informatik und BWL.

Obwohl meine Eltern es gerne gesehen hätten, wenn ich eine Banklehre gemacht hätte. Auch wenn ich gut in Mathematik war – Zahlen über fünf verwirren mich, die Kasse hätte wohl nie gestimmt. Viele rieten mir von einem Mathematikstudium ab, da es nichts mit der Schulmathematik zu tun habe. Das überzeugte mich nur noch mehr von meinem Plan. **Für mich ist Mathematik Mustererkennung**. Es geht darum, etwas Komplexes zu strukturieren und Gesetzmäßigkeiten herauszulesen. Abstrakte Mathematik ist mein Steckenpferd. In der muss ich mich nicht von physikalischen Gegebenheiten einschränken lassen, sondern kann mich auf die reine Theorie der Mathematik konzentrieren.

Nach meinem Vordiplom habe ich mich dann um ein Hochbegabten-Stipendium beworben und mit dessen Hilfe ein Auslandssemester an der University of California in Irvine, Kalifornien gemacht. Im Nachhinein war das Studium in den USA sehr hilfreich, weil sie dort einen sehr praktischen Fokus haben und die Professoren sehr nahbar waren. Man sollte im Ausland nicht nur Urlaub machen, sondern dort leben und die Kultur von innen heraus kennenlernen, denn so hinterfragt man plötzlich alltägliche Gegebenheiten und erweitert den eigenen Horizont.

Du hast lange für SAP gearbeitet, wie kam es dazu?

Mein Mann hatte sein Studium ein wenig früher abgeschlossen als ich und bekam in München das für ihn beste Jobangebot. Damals war eher Frankfurt das Mekka für IT-Jobs, ich habe ihm jedoch empfohlen, das Angebot anzunehmen. Daher versuchte ich entsprechend, einen Job in München zu finden. Von den Angeboten verschiedener namhafter Firmen habe ich mich für SAP entschieden. Weil ich dort die Chance hatte, einen umfassenden Einblick in die Entwicklung und Vermarktung von Software zu bekommen, in diesem Fall handelte es sich um eine Industrielösung für Kabelhersteller. Es war wie ein kleines Start-Up, nur innerhalb der SAP. Insgesamt waren wir 26 Personen und haben dort alles gemacht: von Support über Marketing, Produkt Management, Entwicklung, Beratung, Presales, Support bis zu Business Development. Hierdurch hatte ich eine große Bandbreite an Aufgaben. Das war eine tolle Basis für meine Karriere. **Es ist wichtig, das große Ganze zu verstehen**, in diesem Fall die Wertschöpfungskette eines Software-Unternehmens. Des Weiteren habe ich damals die Chance genutzt, die zu der Zeit in Entwicklung befindliche SAP CRM-Lösung besser kennenzulernen. Im Ergebnis konnte ich so die ‚CRM Champion‘ Rolle für die gesamte Abteilung übernehmen und ein kleines Team koordinieren.

Die nächste spannende Rolle bot sich mir nach drei Jahren. Ein Kollege, der meine Arbeit als Beraterin und Produktmanagerin für die Kabellösung kannte und wusste, dass ich gut in neuen Herausforderungen bin, sollte zusätzlich zur globalen Verantwortung für die Textilindustrie auch die Baustoffindustrie als neuen Bereich aufbauen. Er bat mich um Unterstützung und ich habe sofort zugestimmt. Da er kurze Zeit danach ein interessantes Angebot außerhalb der SAP annahm, habe ich das Business Development für die Textilindustrie und Baustoffindustrie auf globaler Ebene übernommen. Über die Jahre hinweg habe ich verschiedene globale Führungspositionen bei SAP innegehabt, unter anderem bin ich mit meiner Familie in die USA gezogen, um ein Partner-Ecosystem für Industrien in Nordamerika aufzubauen. In meiner letzten Rolle habe ich als Senior Director Product Management federführend an mehreren Cloud-Produkten basierend auf SAP HANA gearbeitet, unter anderem an der SaaS-Lösung SAP Sales & Operations Planning und an der SAP HANA Enterprise Cloud.

Ursprünglich war mein Plan, erst in ein großes Unternehmen zu gehen und dann nach drei Jahren in ein kleines Unternehmen zu wechseln. Im Endeffekt war ich jedoch insgesamt 15 Jahre bei SAP, da sich mir stets Chancen geboten haben, mich weiter zu entwickeln und neue Themen anzugehen. **Man sollte einen Plan haben, aber auch die Flexibilität, diesen zu ändern**. Durch gute Arbeit und großes Glück durfte ich regelmäßig an neuen Themen arbeiten, denn mir wird doch recht schnell langweilig.

Hast du jemals daran gedacht, in eine nichttechnische Rolle zu wechseln?

Nein. **Technologie liegt mir sehr am Herzen**. Ich bin fasziniert von den neuesten Technologien und will verstehen, wie diese einen Mehrwert für Menschen und Organisationen bringen können. Bei SAP habe ich entsprechend regelmäßig an den neuesten Produkten gearbeitet. Auch nach meiner Zeit bei SAP habe ich jede Möglichkeit genutzt, mehr über neue Technologien zu lernen. Zum Beispiel ist das Thema Quanten-Computing sehr spannend, weil es die Rechen-Geschwindigkeit revolutionieren wird. Dabei ist es ein überwiegend theoretisches Konstrukt, noch sind nicht alle möglichen Anwendungsfälle bekannt und die Umsetzung schreitet nur langsam voran.

Meine besondere Leidenschaft gilt öffentlichen Vorträgen und Podiumsdiskussionen zu diesem Thema. Sei es auf Technologieveranstaltungen von Google und SAP, auf Messen wie der Industriemesse Hannover oder auf Women-in-Tech Veranstaltungen wie dem Ada Lovelace Festival in Berlin. Ich kann mir nicht vorstellen, in einem Bereich zu arbeiten, der nichts mit

Technologie zu tun hat. Mich treibt es an, neue Technologien und Lösungen zu erläutern und aufzuzeigen, wie sich diese in Mehrwert übersetzen lassen.

Du hast drei Kinder und Vollzeit gearbeitet. Wie hast du das unter einen Hut bekommen?

Mein Mann und ich haben konstant in Vollzeit gearbeitet und die Familienarbeit 50/50 aufgeteilt. Von daher habe nicht ich drei Kinder, sondern mein Mann und ich haben drei Kinder. Wir waren uns einig: Damit unser Konstrukt funktioniert, konnten entweder beide weniger als 30 Prozent ihrer Zeit reisen oder nur eine Person konnte viel reisen. Jede Familie muss für sich selbst herausfinden, was am besten passt und dafür ein Konzept entwickeln. **Wir waren sehr klar in unserer Kommunikation und haben offen miteinander über unsere Wünsche gesprochen**.

Jahre bevor wir Kinder hatten, haben wir im Englischen Garten in München Pläne geschmiedet: Wie es funktionieren könnte, wenn wir Kinder haben und gleichzeitig beide arbeiten oder wer wann in Elternzeit ginge. Ich wollte definitiv Kinder haben, war jedoch nicht bereit, meinen Job dafür aufzugeben. **Die deutsche Gesellschaft ist sehr in Klischees gefangen und denkt in alten Rollenkonzepten**. Mein Mann sollte die erste Elternzeit nehmen, um ein klares Zeichen zu setzen. Wenn die Frau beim ersten Kind zuhause bleibt, möglicherweise zwei bis drei Jahre, dann verpasst sie zwei bis drei Gehaltsrunden – mit Zinseszins ergibt das eine Menge Geld! Dann heißt es schnell, dass die Frau auch beim nächsten Kind zuhause bleibt, weil der Mann mehr verdient. Die Frau hat somit konstant geringere Karrierechancen.

Solch eine Entscheidung, wie man sein Leben mit Beruf und Kindern gestaltet, muss aber für beide Partner passen und funktionieren. Flexibilität ist hier das Stichwort. Mein Partner Thomas kennt mich sehr gut und ist bereit, mich in meiner Karriere und meinen Leidenschaften ebenso zu unterstützen, wie ich ihn unterstütze. Ich kann jeder Frau nur raten: Rede frühzeitig mit deinem Partner oder deiner Partnerin, ob ihr Kinder wollt und wie viele, was ihr karriereseitig anstrebt und wie ihr die Familienarbeit aufteilen wollt. Wer ist zu was bereit? Habt einen Plan, andernfalls stellt ihr schlussendlich fest, dass ihr in einer Situation landet, die euch unglücklich macht. In diesem Sinne stimme ich mit Sheryl Sandberg, COO von Facebook, überein, **dass als Frau die Wahl deines Partners ein entscheidender Faktor, wenn nicht der entscheidendste Faktor für deine Karriere ist**.

Wie lauten deine drei besten Karriere-Tipps für Frauen?

In erster Linie ist es wichtig zu wissen, was deine Leidenschaft ist und was du gut kannst. Denn das ist dein Nordlicht, dein ‚Guiding Star', dem du folgen kannst. Wenn du für ein Thema leidenschaftlich brennst, dann bist du automatisch bereit, extra Energie hineinzugeben und der Erfolg ist vorprogrammiert. Zum zweiten: offen zu sein für Neues. Übernehme ein Projekt, das dir völlig neu ist und für das du dir zuvor Wissen aneignen musst. Das bedeutet ebenso, die Flexibilität zu haben, einen existierenden Plan zu ändern oder über Bord zu werfen, wenn es die Umstände erfordern. Und drittens: Andere möchten dich möglicherweise in deiner Karriere unterstützen, sie müssen hierfür zumindest verstehen, wer du bist und was dich ausmacht. **Lasse andere Menschen wissen, wer du bist und wie du ihnen helfen kannst**. Nur dann können sie sich im Bedarfsfall an dich wenden.

Herzlichen Dank für die spannenden Einblicke!

Weibliche Studienanfänger MINT	2018	Veränderung zum Vorjahr
Ingenieurwissenschaften	26,6 %	-3 %
Naturwissenschaften	49,2 %	+3%
Informatik	22,5 %	+1%

Nach: Bundesagentur für Arbeit (2019): Blickpunkt Arbeitsmarkt MINT-Berufe, S. 23 (Auszug)

„Noch immer entscheiden sich deutlich weniger Frauen als Männer für eine Ausbildung in einem MINT-Ausbildungsberuf oder für ein MINT-Studium. In der Folge sind weniger Frauen in einem MINT-Beruf erwerbstätig. (…) [Die] Daten zeigen, dass sich der Anteil der Frauen in MINT-Berufen im Bundesdurchschnitt zwischen dem vierten Quartal 2012 und dem ersten Quartal 2019 von 13,8 Prozent auf 15,1 Prozent nur leicht erhöht hat."

Institut der deutschen Wirtschaft Köln (2019): MINT-Herbstreport 2019, S. 56

Weiterbildung / Fokus: E-Learning – Tipps von Sabrina

Im Laufe einer Karriere entscheiden wir uns für Spezialisten- oder Generalistentum. Mich persönlich hat ein breites Wissensspektrum immer mehr gereizt. Ich verstehe Unternehmen als lebendige Organismen und fand es immer spannend, Zusammenhänge zu ergründen. In den letzten 20 Jahren habe ich mich unter anderem mit Marketing, Recht, Steuern, Finanzen, IT auseinandergesetzt. Das hat mir sowohl in der Gründung, als Führungskraft und Unternehmer immer geholfen. Und als Scanner-Persönlichkeit hat es mich vor Eintönigkeit und Langeweile bewahrt. Daher liebe ich vor allem die E-Learning-Plattformen, die breites Wissen anbieten. Gleichzeitig gibt es natürlich Jobs, bei denen tiefes fachliches Wissen zwingende Voraussetzung ist. IT-ler sind dabei vergleichbar mit Ärzten und Anwälten, die richtige Sprache will gelernt sein. Daher findet ihr unten neben allgemeinen Empfehlungen auch IT-spezifische Plattformen.

Breites Spektrum:

Udemy: mehr als 100.000 Online-Kurse ab 10 Euro: www.udemy.com

Skillshare: „Explore your creativity": www.skillshare.com

edX: „free online courses by Harvard, MIT & more": www.edx.org; alternativ Kurse direkt bei den Universitäten, zum Beispiel https://online.stanford.edu oder www.extension.harvard.edu

TED Talks: keine Plattform im eigentlichen Sinn, aber „Ideas worth spreading": www.ted.com

iTunesU: im App Store von Apple

The Great Courses: nach eigenen Angaben mit den weltweiten Top-Professoren: www.thegreatcourses.com

Coursera: mehr als 40 Millionen Studenten und 150 Partner-Universitäten: www.coursera.org

LinkedIn Learning: „Kurse für jede berufliche Phase" https://de.linkedin.com/learning/

Lecturio: bereits 2008 in Leipzig gegründet: www.lecturio.de

Blinkist: 15-minütige Zusammenfassungen von mehr als 1 000 Sachbüchern www.blinkist.com

Audible: ich persönliche höre Bücher am liebsten, dafür habe ich ein monatliches Abo abgeschlossen: www.audible.de

Rund um Digitalisierung:

Udacity: mehr als 160 000 Studenten in 190 Ländern: www.udacity.com

Codeacademy: kostenlose Kurse für Einsteiger in englischer Sprache: www.codeacademy.com

One Month: die Kurse sind wie der Name schon sagt, auf einen Monat ausgelegt: www.onemonth.com

Treehouse: mehr als 1 000 Videos: www.teamtreehouse.com

Free Code Camp: kostenlos, viel Spaß beim 2 000 Stunden Lehrplan: www.freecodecamp.org

Khan Academy: umfangreiche Mathe-Lessons ab der 1. Klasse: www.de.khanacademy.org

General Assembly: kostenpflichtig und nicht ganz billig, aber scheinbar sehr beliebt in den USA: www.generalassemb.ly

Google Venture Library: freies Wissen für Gründer und Unternehmer: www.gv.com

OpenHPI: MOOC des Hasso-Plattner-Instituts für Informatiker www.open.hpi.de

Und darüber hinaus gibt es kostenlose Kurse von IBM, Google, SAP, Microsoft etc. Viel Spaß und Erfolg beim Lernen!

„Liebe zum Lernen ist die wichtigste Leidenschaft… darin liegt unser Glück. Es ist ein sicheres Mittel gegen das, was uns quält, eine unendliche Quelle der Freude."

Émilie du Châtelet (Mathematikerin und Physikerin)

---

16. Die Kraft des Mindsets (Expertenbeitrag): Michaela Wiesenbacher, Mental-Trainerin

Michaela Wiesenbacher, Trainerin / Mentaltraining, Michaela Wiesenbacher erfolgreich reiten – erfolgreich leben

Über Michaela Wiesenbacher: Michaela Wiesenbacher entdeckte schon früh ihre Leidenschaft für Pferde und gleichzeitig die Angst, vom Pferd zu stürzen, und die damit verbundenen Selbstzweifel. Um ihre Blockaden zu lösen und ein Leben voller Mut zu führen, absolvierte sie eine Ausbildung als Coach. Sie wählte den Bereich Gesprächsführung und Gestalttherapie nach Fritz Perls und Meditationstechniken und schloss die Weiterbildung 2016 erfolgreich ab. Heute verbindet sie beide Leidenschaften: das Westernreiten und die Persönlichkeitsentwicklung. Michaela unterstützt Menschen, innere Blockaden aufzulösen und hilft Westernreitern mit Methoden aus dem Sportmentaltraining, erfolgreich auf Turnieren zu reiten. Da Pferde fühlen, was wir denken, kann man Ängste, Blockaden und negative Glaubenssätze im Training und Coaching mit ihnen lösen. Jede Begegnung bietet die Chance zu erkennen, wo und wie man selbst wachsen kann. Das Pferd ist dabei dein wunderbarer Spiegel.

Kontakt:
Website: www.michaela-wiesenbacher.de
LinkedIn: https://bit.ly/3dq22Uw
Instagram: https://bit.ly/2XMM28F
Facebook: https://bit.ly/3evr6d4

Liebe Michaela, du beschäftigst dich intensiv mit Mentaltraining. Warum definiert meine innere Haltung mein äußeres Umfeld?

Dazu will ich dir eine kleine Geschichte erzählen: Die Sonne blinzelt orange am Horizont hervor, Tau liegt auf den Gräsern der Weide. Das ruhige Schnauben eines Pferdes dringt an meine Ohren und der frische Duft von feuchtem Gras kitzelt meine Nase. Die Weide liegt in morgendlichem Dunst vor mir. Diesen ruhigen Moment will ich für meine Leidenschaft nutzen, das Westernreiten. Neugierig kommt die Herde angeschlendert, um mich freundlich blubbernd zu begrüßen. Das ist Frieden – in mir und um mich herum. Zwei Tage später. Ich komme gestresst von der Arbeit in den Stall. Ich bin wütend über das kindische Verhalten der Kollegen und unzufrieden mit dem Meeting, bei dem erneut nichts vorangegangen ist. Schnell mein Pferd holen, trainieren und dann ab auf das Sofa zum Fernsehen. Mit diesen Gedanken stapfe ich, nach wie vor wütend, auf die Weide und stelle entrüstet fest – alle Pferde rennen weg, so ein M…, was soll das denn jetzt auch noch!

Wie schön wäre es gewesen, wenn ich gelassen geblieben wäre, anstatt mich derart lange zu ärgern und wütend zu sein. Hätte ich damals schon gewusst, was man mit mentalem Training verändern kann, dann wäre ich nicht keuchend und außer Atem auf der Weide auf und ab gerannt, um mein Pferd einzufangen. Nein, ich wäre in dieser Situation in Führung gegangen, und zwar in erster Linie für mich selbst. Wer führen will, muss reden können – vor allem mit sich selbst!

Pferde sind die Spiegel unserer Seele. Sie erkennen, wenn du so tust, als ob und nicht das meinst, was du sagst. Sie müssen nonverbal kommunizieren, um nicht von Räubern gefressen zu werden. Pferde können deine Körpersprache lesen. Sie folgen nur demjenigen, dessen Körpersprache zu seinen Handlungen passt, der glaubwürdig und vertrauensvoll ist, der im Einklang mit seinen Werten und Überzeugungen handelt. Pferde sind aus diesem Grund sehr gute Coaching-Partner, um aufzuzeigen, dass deine innere Haltung deine Erfolge und deine Handlungen beeinflusst. **Das, was du über dich selbst denkst und wie du mit dir selbst umgehst, entscheidet über deinen Erfolg oder Misserfolg**.

Deiner Erfahrung nach bestimmen also die inneren Überzeugungen dein Handeln?

Wenn du an dich und deine Ziele glaubst, dann erreichst du sie, selbst wenn sich Hindernisse in den Weg stellen. Bist du jedoch nicht von dir und deinem Ziel überzeugt, ist die Wahrscheinlichkeit zu scheitern wesentlich höher. **Die Verbesserung der eigenen mentalen Stärke bedeutet, die eigene Belastbarkeit, die Willenskraft und das Durchhaltevermögen zu steigern**, um erfolgreich, durchsetzungsstark und kraftvoll zu werden. Mentale Stärke wirkt sich auf alle deine Lebensbereiche positiv aus: Partnerschaft, Familie, Freunde und Karriere.

Wie stark deine innere Überzeugungskraft ist, zeigt ein Versuch mit Medizinstudenten an einer amerikanischen Universität. Jeweils die Hälfte der Studenten bekam eine Tablette mit entweder beruhigenden oder aktivierenden Inhaltsstoffen. Die Studenten sollten berichten, wie sie sich nach der Einnahme gefühlt haben. Vor Ausgabe der Tabletten wurden die Inhaltsstoffe heimlich vertauscht. Interessant war nun, dass ein Großteil der Studenten sich so fühlte, wie sie es erwartet hatten. Was für eine Leistung unseres Geistes, sich aktiver und wacher zu fühlen, obwohl man just ein Beruhigungsmittel verabreicht bekommen hat!

Überzeugungen bestimmen dein Verhalten und deine Emotionen. **Limitierende Überzeugungen hindern dich daran, dein Potential voll zu entfalten**, Möglichkeiten zu sehen, Lösungen zu finden, neue Wege einzuschlagen, anders zu denken. Deswegen ist es derart wirkungsvoll, die eigenen Handlungsmuster zu reflektieren und vor allem limitierende Gedanken zu erkennen und zu verändern

Du empfiehlst ein Gedankentagebuch, um in die mentale Stärke zu kommen, was steckt dahinter?

Es gibt einen Weg, wie sich hinderliche Überzeugungen aus dem Unterbewusstsein hervorholen und auf eine Weise verändern lassen, dass sie dich positiv unterstützen. Der erste Schritt, um sich die eigenen Gedanken bewusst zu machen, ist ein Gedankentagebuch. Notiere über einen Zeitraum von zwei bis vier Wochen jeden Abend, was dir tagsüber in speziellen Situationen, zum Beispiel mit Kollegen, Mitarbeitern, in Meetings oder auch mit Familie, Partner oder Freunden durch den Kopf gegangen ist. Wichtig ist es, alles aufschreiben ohne zu werten. Egal ob positiv oder negativ. So bekommst du einen sehr interessanten Einblick darüber, was du dir selbst den gesamten Tag erzählst. Ich war nach vier Wochen erstaunt, wie negativ meine Selbstgespräche waren. Sätze wie: ‚Oh Mann, wie blöd bin ich eigentlich' und

‚Ich habe schon wieder nur Quatsch erzählt' oder ‚Mir hat einfach keiner zugehört' sind einige Beispiele aus meinem Tagebuch. Am Ende der vier Wochen stehen mindestens 21 Gedanken im Notizbuch. Im Anschluss markierst du alle positiven, das sind deine Unterstützer. Nun stehen da noch die negativen und limitierenden Gedanken, die deinen Selbstwert schwächen. Doch diese beinhalten das Potential, um eine authentische, mutige, starke und erfolgreiche Persönlichkeit zu werden.

Du kannst nicht objektiv sein, Überzeugungen sind immer subjektiv. Denn regelmäßig spielen deine persönliche Geschichte und deine Erfahrung in die Beurteilung von Situationen oder Menschen hinein. Überzeugungen sind subjektive und unerschütterliche Meinungen deiner eigenen Lebenserfahrungen. Im zweiten Schritt überprüfst du, ob deine Gedanken der Wahrheit entsprechen. Stelle dir folgende Fragen zu jeder deiner Überzeugungen in der Liste: ‚Ist dieser Gedanke tatsächlich richtig? Stimmt diese Aussage zu 100 Prozent? Könnte der Gedanke auch anders sein? Unterstützt mich der Gedanke? Woran hindert mich der Gedanke?' Wenn du alle deine Überzeugungen kritisch hinterfragt hast, dann wandelst du den Gedanken in einen positiven Impuls um. Wir sind beispielsweise oftmals davon überzeugt, nicht gut genug zu sein. Die neue Überzeugung könnte lauten: Ich gebe stets mein Bestes. Das wiederholst du nach und nach mit allen Gedanken. Wichtig ist, dass die neuen Gedanken für dich passen. Verlass dich da unbedingt auf dein Bauchgefühl, es grummelt, wenn der neue Gedanke noch nicht gut für dich ist. Fühlt es sich positiv und bestärkend an, ist alles richtig. Zum Schluss hast du eine Liste mit positiven, motivierenden Unterstützungen, die du täglich verinnerlichen solltest.

Zu guter Letzt: Wiederholen heißt verändern. Nun gilt es, neue Pfade zu beschreiten und die alten Gedankenautobahnen zu verlassen. Dazu müssen die neuen kleinen Minipfade, also deine neuen Impulse, ausgetreten werden, und zwar durch Wiederholung. Mach dir kleine Post-It's und klebe sie überall dahin, wo du sie mehrmals am Tag siehst. Nicht alle Sätze auf einmal, sondern nach und nach. Denn dann wird aus dem kleinen Minipfad eine neue Gedankenautobahn. Die alte Autobahn wuchert zu und ist schlussendlich vergessen.

Gibt es Stolpersteine auf dem Weg?

Es ist nicht leicht, deine Überzeugungen zu verändern. Aus eigener Erfahrung kann ich dir verraten, dass sich der Aufwand definitiv lohnt. Du wirst frei, selbstbewusst und unabhängig von der Meinung anderer. Ich muss gestehen, es ist rein meinen Pferden zu verdanken, dass ich derart viel über mich in solch kurzer Zeit gelernt habe. Pferde spiegeln deine Seele. Von ihnen habe ich gelernt, nicht mehr atemlos und kopflos über die Weide zu rennen, sondern mich zu reflektieren, zu fokussieren und mich auf meine eigenen Stärken zu besinnen. In der Begegnung mit einem Pferd hörst du deine Seele sprechen. Pferde können dir einen unglaublich tiefen Einblick in deine Überzeugungen, Handlungsmuster und Blockaden geben. Lerne dich im Coaching mit Pferden neu und intensiv kennen. Die Arbeit mit ihnen erdet und lässt dich lernen, im Moment anzukommen und zu leben. Für mich sind Menschen, die sich selbst reflektieren und Verantwortung übernehmen, zu ihren Werten stehen und sie verteidigen, Führungspersönlichkeiten. **Denn Führung fängt bei dir selbst an.**

Ich danke dir für die wertvollen Tipps!

Unsere Buchempfehlungen Teil II

Schach der Dame!: Was Frau (und Mann) über Machtspiele im Management wissen sollte, Wiebke Köhler

Böse Mädchen kommen in die Chefetage: Strategien für mehr Durchsetzungsstärke, Lutz Herkenrath

Unsichtbare Frauen: Wie eine von Daten beherrschte Welt die Hälfte der Bevölkerung ignoriert, Caroline Criado-Perez

Wir brauchen Frauen, die sich trauen: Mein ungewöhnlicher Weg bis in den Aufsichtsrat eines DAX-Konzerns, Manuela Rousseau

Female Innovators at Work: Women on Top of Tech (English Edition), Danielle Newnham

Women in Science: 50 Fearless Pioneers Who Changed the World, Rachel Ignotofsky

Alpha Girls: The Women Upstarts Who Took on Silicon Valley's Male Culture and Made the Deals of a Lifetime, Julian Guthrie

Empowered Women in Tech: Finding First Year Success: Insights and advice to help women find success in the first year of their tech career, Maigen Thomas

---

Frauen kämpfen seit Jahrzehnten, wenn nicht Jahrhunderten für eine Gleichstellung vor dem Gesetz, für gleiche Rechte im Alltag und eine faire Behandlung. Der Fokus liegt dabei nicht auf der Gleichförmigkeit, denn Diversität bereichert Unternehmen. Vielmehr erwarten wir Chancengleichheit im Hinblick auf berufliche und persönliche Weiterentwicklung und Verwirklichung. Quoten und Förderung können dazu ihren Teil beitragen. Und gleichzeitig sind wir davon überzeugt, dass es zu allererst an uns Frauen liegt, uns und unsere Erfolge sichtbar zu machen. Wir sind qualifiziert, talentiert und leistungsbereit. Das sollten wir zeigen und anderen Frauen auf diesem Weg helfen. Erfreulicherweise gibt es positive Beispiele in Unternehmen, an denen wir uns orientieren können. Dass Gleichstellung Männern wie Frauen grundsätzlich wichtig ist, zeigt nachfolgende Grafik. Nun liegt es an uns, aus dieser positiven Grundhaltung eine Bewegung zu kreieren.

Gleichstellung ist Mitarbeitern wie Chefs wichtig

Inwieweit stimmen Sie den folgenden Aussagen zu?	**Frauen**	**Männer**
Frauen und Männer sollten für gleiche Tätigkeiten gleich bezahlt werden.	99 %	95 %
Mein Unternehmen nimmt das Thema Gleichstellung von Männern und Frauen ernst.	89 %	85 %
Divers zusammengesetzte Teams liefern bessere Arbeitsergebnisse.	79 %	80 %
In unserem Unternehmen gibt es Frauen in Führungspositionen.	71 %	44 %

Nach: Bitkom (2019): New Work: Wie arbeitet Deutschland, S. 12 (Auszug)

„Es ist einfacher, hinterher um Entschuldigung zu bitten, als vorher die Erlaubnis zu bekommen."

Grace Hopper (amerik. Informatikerin, entwickelte den ersten Compiler)

17. Kritik mit offenen Armen begegnen: Tatjana Diebold, Supply Chain Manager @ ARRI

Tatjana Diebold, Supply Chain Manager, Arnold & Richter Cine Technik GmbH & Co. Betriebs KG

Über Tatjana Diebold: ‚It's not your aptitude, but your attitude, that determines your altitude' (Zig Ziglar). Tatjana Diebold ist als Supply Chain Managerin bei ARRI, einem Hidden Champion der Filmindustrie, tätig. Den Status als weltweit größter Hersteller professioneller Filmkameras hat sich das Unternehmen nicht nur durch Innovationskraft, sondern ebenso durch seine Nähe zu den Kunden erarbeitet. Diesen Gedanken lebt Tatjana auch in ihrer täglichen Arbeit, zum Beispiel bei der Ausarbeitung neuer Prozesslösungen. Zu den Aufgaben ihres Teams gehört die Produktionsplanung und Bestandsoptimierung der kameraspezifischen Produktpalette. Sie ist Alumna der Wirtschafts- und Ingenieurwissenschaften der TU München. Während ihres Studiums hat sie als Stipendiatin des unternehmerischen Qualifizierungsprogramms ‚Manage & More' bereits erfolgreich Projekte mit MAN Bus & Truck und der BMW Group in den Themenschwerpunkten Prozesse und Operations Management durchgeführt. Im Privaten ist Tatjana an den Themen Nachhaltigkeit, Persönlichkeitsentwicklung und Interior Design interessiert. Insbesondere der Einfluss von Konsum und Design auf das persönliche

Wohlbefinden fasziniert sie. Sie beginnt jeden Tag auf ihrer Yogamatte, sieht das Glas lieber halb voll und genießt gesellige Abende mit alten und neuen Freunden und Bekannten.

Kontakt:
LinkedIn: https://bit.ly/2ZXCnim
Xing: https://bit.ly/36LY4mS

Liebe Tatjana, du hast an der Technischen Universität München (TUM) BWL mit Schwerpunkt Technologie studiert. Was hat deinen Weg dorthin vorgezeichnet und wie hast du das Studium empfunden?

Für mich war von Beginn an klar, dass ich nach dem Abitur studieren wollte. Die Frage war lediglich, wie ich meine Leidenschaft für handwerkliche Tätigkeiten im Studium umsetzen konnte. Ich habe zum Beispiel gerne im Keller meines Vaters gebastelt, gesägt und mich kreativ ausprobiert. Um mir meine Optionen offen zu halten, habe ich ein Fertigungspraktikum absolviert. Das mitgenommene Aussehen meiner Hände hat einige Mädels in meinem Bekanntenkreis sicherlich ein wenig verwundert. Selbst anzupacken, zu schweißen und Metall zu drehen, war auf eine bestimmte Art befriedigend. Und es hat mir gezeigt: ‚Wow, ich kann das schaffen!' Es war eine super Erfahrung, die ich wärmstens empfehlen kann. Entschieden habe ich mich letztendlich für eine Art Wirtschaftsingenieurstudium mit einer Kombination aus 70 Prozent betriebswirtschaftlicher und 30 Prozent technischer Orientierung. Überraschend war meine Studienwahl für niemanden in meinem Bekanntenkreis. Alle wussten inzwischen, dass ich einen praktischen Anwendungsbezug brauche.

Im Studium selbst hatten wir im Maschinenwesen einen Frauenanteil von etwa 10 bis 15 Prozent. Zwangsläufig hatte ich sehr viele Männer in meinem Freundeskreis, was für mich aber absolut okay war. Ich habe das nie in Frage gestellt. Bei Projektarbeiten konnte ich beobachten, dass sich die Frauen im Studium nicht zusammenrotteten, sondern auf verschiedene Gruppen verteilten. Das war für mich ein Zeichen, dass sich die Frauen in einem überwiegend männlichen Metier wohlfühlten und selbstsicher waren. Konkurrenzdenken gab es gar nicht, es war mit beiden Geschlechtern eine gute Zusammenarbeit.

Wie kamst du zu deiner jetzigen Position als Supply Chain Manager?

Während des Studiums habe ich am Stipendienprogramm ‚Manage & More' teilgenommen. Das Programm lief über drei Semester und hatte zum Ziel, unternehmerisches Denken und Handeln zu fördern. Dabei hatte ich die Möglichkeit, in verschiedene Unternehmen zu schnuppern und gemeinsam mit diesen Unternehmen Projekte umzusetzen. Selbstverständlich wurden uns Tools wie Design Thinking an die Hand gegeben, es wurde jedoch auch viel Eigenständigkeit von den Teams verlangt. **Eines der wichtigsten Learnings für mich war, konstruktiver Kritik mit offenen Armen zu begegnen** – hier offenbarte sich mir die Möglichkeit, über mich selbst hinauszuwachsen. Es war interessant zu sehen, dass ich mit meinem damaligen Wissen einen wichtigen Beitrag leisten konnte. Ich rate dazu, Praktika oder Werkstudententätigkeiten wahrzunehmen. Die gewonnenen Einblicke lohnen sich!

Auf diesem Weg kam ich zu ARRI und hatte die Chance, vier Abteilungen kennenzulernen, bevor ich im Supply Chain Management meine erste Festanstellung nach dem Studium annahm. Dort fallen typische Supply Chain Aufgaben in der Kette vom Lieferanten zum Kunden an. Zusätzlich haben wir als Abteilung eine starke Prozesskompetenz und einen großen Fokus auf Kommunikation innerhalb des Unternehmens. Als Schnittstelle zwischen den Abteilungen geht es darum, Prozesse zu optimieren und besser auf den Kunden auszurichten. Wir müssen verstehen, wo die Probleme liegen und gerade in einem technischen Unternehmen hilft es, einen Ingenieur-Background zu haben. **Kommunikation ist deshalb so bedeutend, weil wir dadurch Schwierigkeiten gut übermitteln und gemeinsam eine Lösung finden können**. IT ist ein wichtiges Hilfsmittel zur Kommunikation beziehungsweise zur Umsetzung von Prozessinitiativen und spielt somit eine elementare Rolle im Unternehmen.

Wie stehst du zu den Themen Netzwerken und Weiterbildung?

Das Schöne an der heutigen Zeit ist, dass man derart viele Möglichkeiten hat, sich weiterzubilden und verschiedene Sachen auszuprobieren. Ich persönlich lese unheimlich gerne und hole mir bei Bekannten und Freunden regelmäßig Inspiration für neue Bücher. Heutzutage sind selbstverständlich auch Online-Kurse wichtig. Es gibt für beinahe jedes Thema einen Online-Kurs, von kommerziellen Plattformen über kostenfreie Angebote der Universitäten. **Sehr wichtig finde ich, dass Frauennetzwerke gefördert werden, auch in Unternehmen**. Für Frauen ist es teilweise eine große Hürde, andere Frauen kennenzulernen. Insbesondere, wenn nur eine geringe Anzahl Frauen im Unternehmen tätig sind. Männer sind lockerer und gehen nach der Arbeit noch ein Bier trinken. Sobald man jemanden persönlich kennengelernt hat, tauscht man sich öfter aus, arbeitet besser zusammen und fördert auf diese Weise die Kultur und positive Ergebnisse im Unternehmen. Voraussetzung ist jedoch, selbst aktiv zu werden, unter anderem in Form von Networking und auf Veranstaltungen.

Ergänzend kann ich als Tipp mitgeben, sich eine Mentorin oder einen Mentor zu suchen. So hat man die Möglichkeit, sich Unterstützung zu holen, wenn man nicht weiß, wie man mit einer Situation umgehen soll. Ein Mentor hilft bei schwierigen Entscheidungen oder zeigt auf, welche Optionen offenstehen. Hol dir Rat von einer erfolgreichen Frau oder einem erfolgreichen Mann. Meine Mentorin begleitet mich bis heute und weist mir den Weg mit ihren Erfolgen und Ratschlägen.

Wie nimmst du die aktuelle Situation für Frauen in technischen Berufen wahr?

Eine meiner Freundinnen ist von Beruf Galvaniseurin und viele reagieren darauf sehr überrascht. Nicht im negativen Sinne, allerdings ist das Verständnis für ihre Berufswahl bei ihr nicht so schnell gegeben wie bei meiner beruflichen Tätigkeit. Wirklich negative Erfahrungen habe ich, nur weil ich eine Frau im technischen Bereich bin, noch nicht gemacht. **Für mich ist es selbstverständlich, in einem technischen Umfeld tätig zu sein**, und so sollen sich auch andere Frauen fühlen.

Herzlichen Dank für das Gespräch!

„Habe keine Angst vor harter Arbeit. Etwas Wertvolles wird dir nicht zufliegen. Lass dich nicht von anderen entmutigen oder dir sagen, dass du es nicht tun kannst. Zu meiner Zeit wurde mir gesagt, dass Frauen nicht in die Chemie-Branche gehen. Ich sah keinen Grund, warum wir das nicht konnten."

Gertrude Elion (Biochemikerin und Pharmakologin)

---

18. Diversity macht erfolgreich: Heidi Bauer, Co-Founder @ Otoz / Founder @ fromcash2car

Heidi Bauer, Founder, Fromcash2car & Co-Founder and Chief Strategy Officer, Otoz

Über Heidi Bauer: Heidi Bauer ist Co-Founder und Chief Strategy Officer bei Otoz, einer Tech-Firma, die Technologien für alles rund um Mobilität anbietet, wie zum Beispiel P2P Carsharing und Car Subscription. Heidi hat auch fromcash2car gegründet. fromcash2car bietet online unabhängige, maßgeschneiderte Autofinanzierungen an. Ziel ist es, den Autokauf digital, fair und transparent zu gestalten. Zuvor war Heidi bei Mercer Consulting in der Beratung in Dubai tätig. Dort arbeitete sie branchenübergreifend an Strategieprojekten in der Golfregion. In ihrer Freizeit hat Heidi viel Freude an Yoga, Meditation und Snowboarding.

Kontakt:
Website: www.fromcash2car.com, www.otozmobility.com
LinkedIn: https://bit.ly/36Ne73C

Liebe Frau Bauer, Sie haben einen internationalen Background, sind Gründerin und Unternehmerin. Wir sind gespannt auf Ihre Geschichte.

Ich bin in den USA und Deutschland aufgewachsen, bin also sehr stark von beiden Ländern und Kulturen geprägt. Ich habe in den USA BWL studiert.

Nach meinem Studium bin ich nach Dubai gezogen, dort habe ich in der Beratung bei Mercer gearbeitet. Für meine Projekte war ich viel unterwegs in der Golfregion, in Saudi-Arabien, in Katar, auch für längere Zeit bei der Abu Dhabi Police für ein Projekt. In Saudi-Arabien war es zu der Zeit schwierig, ein Visum zu bekommen und als Frau allein dort einzureisen. Ich war die erste Frau in unserem Büro, die ein Visum bekommen hat. Damals war ich Mitte 20. Es waren spannende Projekte und ebenso spannende Zeiten. Meine Erfahrungen waren durchweg positiv.

Nach meiner Beratungszeit habe ich mich in Deutschland selbstständig gemacht und habe ein Start-up gegründet, ein Autokredit-Vermittlungsportal. Seit kurzem bin ich ebenfalls Co-Founder und Chief Strategy Officer bei einem weiteren Start-up. Wir entwickeln Technologie für alles rund um Mobilität, wie P2P-Carsharing, normales Carsharing und Subscription oder Usage Modelle. Die Autobranche, die Finanzbranche und Tech sind sehr spannende Bereiche, insbesondere weil derzeit sehr viel im Umbruch ist. Mobilität wird zunehmend stark von Tech geprägt. Dabei geht es um viel mehr als ‚nur' Autos. Bei Mobilität geht es darum, wie sicher und effizient wir uns bewegen können. **Mein Ziel ist es, den Zugang zur Mobilität digitaler, fairer und transparenter zu gestalten**. Ich habe das Privileg in einem tollen Umfeld zu arbeiten mit einem Team von Data Scientists, AI- und Blockchain-Experten. Ein wesentlicher Baustein ist das positive Arbeitsumfeld und der Team Spirit, den wir geschaffen haben. Das ist auch an unseren Produkten zu erkennen.

Die Autobranche insgesamt ist von jeher sehr auf Männer fokussiert. Sogar die Fahrzeugsicherheit ist auf den männlichen Körper ausgerichtet. Es wurden bis 2012 ausschließlich männliche Crashtest-Dummies eingesetzt. 2012 wurden diese Crashtest-Dummies verkleinert, sind aber weiterhin auf die männliche Physiologie ausgerichtet. Der weiblichen Physiologie werden diese Crashtest-Dummies nicht gerecht. Eine traurige Konsequenz ist, dass Frauen unverhältnismäßig oft bei Autounfällen stark verletzt werden oder sterben. Laut Studien der National Highway Traffic Safety Administration und der University of Virginia sind Frauen 73 Prozent häufiger schwer verletzt und 17 Prozent häufiger bei Autounfällen ums Leben gekommen als Männer unter ähnlichen Umständen. Der weibliche Crashtest-Dummy ist bei den meisten Crashtests auf dem Beifahrersitz und nicht auf dem Fahrersitz platziert. **Der Sicherheit von Frauen wird nicht angemessen Rechnung getragen**. Bei diesem Versagen wird klar, dass unsere Gesellschaft Frauen selbst bei fundamentalen Bedürfnissen wie Sicherheit nach wie vor nicht gerecht wird.

Das ist in anderen Bereichen ebenso zu erkennen. In der Künstlichen Intelligenz wurden in der Facial und Voice Recognition anfangs die Gesichter und Stimmen von Frauen nicht erkannt. Viele Produkte, die wir täglich einsetzen, werden von KI gesteuert. Wenn falsche oder einseitige Daten eingesetzt werden, dann spiegelt KI Ungleichheiten wieder und verstärkt diese. **Wir brauchen mehr Frauen in Tech**. Technologie prägt heutzutage unser Leben. Wenn diese Produkte nicht für Frauen maßgeschneidert sind, dann entgeht uns derart viel. Und deswegen finde ich es so wichtig, dass mehr Frauen in Tech-Berufen tätig sind. Wie viel produktiver wären wir als Frauen, wenn Produkte für uns maßgeschneidert wären!? Das können wir als Unternehmerinnen ändern.

Was kann der Arbeitgeber tun, um IT für Frauen attraktiver zu machen?

Das ist ein gesellschaftliches Problem und kann nicht nur von Arbeitgebern gelöst werden. Es benötigt eine ganzheitliche Lösung in den verschiedenen Bereichen der Politik und Gesellschaft. Arbeitgeber können dabei eine wichtige Rolle spielen und Veränderungen vorantreiben. **Unternehmen, die einen Fokus auf Diversity legen, sind nachweislich erfolgreicher**. Die unterschiedlichen Perspektiven und Meinungen, die Diversity hervorbringt, tragen entscheidend dazu bei. Deswegen ist es im Interesse von Unternehmen, sich dafür zu engagieren. Regelmäßig Daten zu Diversity und zum Beispiel zur Gehaltsparität zu analysieren, wäre ein guter Ausgangspunkt, um Veränderungen anzustoßen. Es gibt heute bereits einige, allerdings wenige Firmen, die jährlich diese Daten freiwillig veröffentlichen. Auf diese Weise kann ein Unternehmen anhand von Fakten feststellen, wo es steht und daten-basierte Maßnahmen zur Verbesserung einsetzen. Basierend darauf können Firmen ihre Unternehmenskultur auf den Prüfstand stellen. Wir wissen doch, dass Voreingenommenheit oft unterschwellig ist und nicht auffällt.

Die sogenannte ‚Heidi & Howard-Studie' ist ein gutes Beispiel dafür. In diesem Beispiel nahmen zwei Professoren der Columbia Business School eine Case Study der Harvard Business School über eine Risikokapitalgeberin namens Heidi Roizen und änderten ihren Namen in der Hälfte der unterrichteten Klassen zu Howard. Die Leser der Howard-Fassung fanden, das ist ein toller Typ, nett und interessant. Heidi wiederum schien egoistisch und nicht sonderlich vertrauenswürdig. **Die Wahrnehmung bei demselben Sachverhalt ist bei einer Frau anders als bei einem Mann**. Wenn wir dafür mehr Bewusstsein schaffen, können wir viel verändern.

Braucht es dann eine Frauenquote?

Das Thema hat viele Ursachen und ist in unserer Gesellschaft tief verankert. Deswegen gibt es leider keine einfache Lösung. Eine Frauenquote ist ein möglicher Ansatz, jedoch benötigen wir ganzheitliche Lösungen. Wir müssen Wege finden, um diese Themen unter verschiedenen Aspekten zu betrachten und entsprechende Maßnahmen einleiten. **Frauen wurden unfassbar zurückgehalten.** Erst seit 1958 sind Frauen berechtigt, ein eigenes Konto zu eröffnen und selbstständig über eigenes Geld zu entscheiden. Und erst seit 1980 ist es Gesetz, dass Frauen das gleiche Gehalt für gleiche Arbeit erhalten müssen. Und wie wir alle wissen, wird das heute nach wie vor nicht vollständig umgesetzt. Bis 1997 war ein Ehemann bei Vergewaltigung in der Ehe nicht strafbar. Politiker, die uns vertreten, wie zum Beispiel Horst Seehofer, oder vertreten wollen, wie Friedrich Merz, und ungefähr noch weitere 138 Abgeordnete des Deutschen Bundestages haben dagegen gestimmt, dass die Vergewaltigung in der Ehe strafbar ist. Das macht mich fassungslos. **Erst wenn Frauen in der Politik, in Führungsrollen und als Gründerinnen adäquat vertreten sind, werden wir echte Gleichberechtigung erleben.** Die Gleichberechtigung in der Gesellschaft ist zwar formal gegeben, faktisch jedoch noch nicht umgesetzt. Wir müssen uns dessen bewusst sein, damit wir Veränderungen anschieben können und werden.

Deswegen brauchen wir dringend mehr Gründerinnen. Je nach Studie werden nur etwa 15 Prozent aller Start-ups in Deutschland von Frauen gegründet. Frauen bekommen wesentlich weniger VC-Funding als Männer. Wenn Frauen gründen, hat das positive Auswirkungen für Frauen und für die Gesellschaft. Wir können dann die Produkte gestalten, die Frauen gerecht werden. Deswegen macht es mir dermaßen viel Spaß, Firmen zu gründen und zu erleben, wenn andere Frauen gründen.

Vielen herzlichen Dank für das Gespräch!

„Die Wissenschaft ist Teil der Lebenswirklichkeit; es ist das Was, das Wie und Warum von allem in unserer Erfahrung."

Rachel Carson (Biologin)

---

19. Menschsein kultivieren (Expertenbeitrag): Carmen Hentschel, Speakerin & Gründerin

Carmen Hentschel, #allaboutdigital:
- Keynote Speakerin und Moderatorin für Digitalisierung und Leadership
- Gründerin von Future Shapers, Agentur für Keynote Speaker für digitale Themen

Hat in der Corona Krise zwei Unternehmen mitgegründet:
- Mit-Gründerin des Experten Netzwerks von Online Konferenzen
- Mit-Gründerin Beyond Business, der interaktiven B2B Show

Über mich: Welcome to Community: Du hast Lust voneinander zu lernen sowie gemeinsam zu denken und zu gestalten? Dann melde dich bei mir! Eine gute Gemeinschaft bietet zahlreiche Vorteile für alle. Wichtige Spielregel für mich: Nice people, null bullshit. Im Folgenden einige der Gemeinschaftsmodelle, zu denen ich dich einlade. Deine eigenen Ideen sind willkommen! *Think Tank*: Debatten und Salon Talks zu verschiedenen geschäftlichen Themen, Schwerpunkt Digitalisierung. *Content Erstellung*: Blogartikel, Bücher, Whitepaper & Co; gegenseitige Interviews in Videos, Podcasts und eigenen Formaten. *Geschäftsmodelle entwickeln*: Aus der Community heraus Produkte und Services entwickeln in gemeinsamen Sprints. Das gemeinsame Wissen, Zugang zu Kontakten und Finanzen sowie Möglichkeiten zur Bekanntmachung nutzen, um die Projekte auf die Straße zu bringen. Ich freue mich auf deine Nachricht unter: kontakt@carmen-hentschel.de.

Kontakt:
Website: https://carmen-hentschel.de, https://future-shapers.live, https://online-konferenzen.com, https://beyondbusiness.live
LinkedIn: https://bit.ly/3doCmYn
Xing: https://bit.ly/2Mk2oQE
Instagram: https://bit.ly/36QDRfF
Facebook: https://bit.ly/36NhYhn

Liebe Carmen, dein Job führt dich tief in die Welt der Digitalisierung. Was genau machst du?

Ich beschäftige mich mit der spannenden Frage, wie wir künftig leben und arbeiten. Das mache ich als Speakerin, Moderatorin und Beraterin für das Thema Digitalisierung. Wenn ich morgens aufstehe und zur Arbeit gehe, heißt das für mich oft, dass ich den Tag auf der Bühne einer nationalen oder internationalen Tech-Konferenz verbringe. Dort diskutiere ich Inhalte zum Thema Digitalisierung, zum Beispiel Digital Health, Smart City, Künstliche Intelligenz und Blockchain. Meine große Freude: Vordenkerinnen und Vordenker aus Wirtschaft und Wissenschaft, Politik und dem Bildungssektor zu treffen und diese mit Fragen zu löchern. Eigentlich werde ich fürs Lernen bezahlt – was für ein toller Job!

Darüber hinaus habe ich mit einer Partnerin und einem Partner eine Agentur für Digitale Events und Online-Konferenzen gegründet. Live-Veranstaltungen, die parallel auch online mitverfolgt werden können, werden immer mehr ein Thema, schon aus Nachhaltigkeitsgründen. Einen besonderen Anstoß hat das Thema natürlich durch die Corona-Krise erhalten, in der sich auf einmal jeder im Turbo-Learning mit dem Thema Online-Kommunikation beschäftigt hat. Mein drittes Standbein ist eine Agentur, die ich bereits vor Jahren mit ‚Future Shapers' gegründet habe und sich auf Keynote Speaker und Speakerinnen für das Thema Digitalisierung spezialisiert. Auf Konferenzen halte ich nach spannenden Rednerinnen und Rednern Ausschau, die über das Inhaltliche hinaus ein gutes Storytelling beherrschen und das Publikum mitreißen. Wer sich da sieht, kann sich aber auch direkt bei mir melden, wir tauschen uns gerne dazu aus.

Was sind deine Ursprünge und was nimmst du daraus mit für das Thema Digitalisierung?

Meine Wurzeln liegen im künstlerischen Bereich. Ich habe eine Schauspielausbildung gemacht und unter anderem zehn Jahre lang Improvisationstheater gespielt. Das war für mich aus zwei Gründen eine hervorragende

Vorbereitung auf das Thema Digitalisierung: 1. Im Improvisationstheater muss man absolut wach, agil und kreativ sein, da sich ständig alles aus dem Moment heraus entwickelt und man innerhalb von Sekunden neue Welten und Szenarien erschafft. 2. Die Qualität des Stückes steigt in dem Maße, wie die Spieler auf der Bühne miteinander und mit dem Publikum verbunden und im Fluss sind. Es geht darum, in kürzester Zeit eine Gemeinschaft und ein ‚Wir' zu kreieren. Und auch in der Digitalisierung braucht es Community Builder, die interdisziplinäre und diverse Teams zusammenführen, um gemeinsam zunehmend komplexe Aufgaben zu lösen. **Digitalisierung ist für mich eine Einladung, unser Menschsein weiter zu kultivieren und auf das nächste Level zu heben**.

Denn im Zuge von Big Data und AI werden wir natürlich mit vielen moralischen und ethischen Fragen konfrontiert: **Wer sind wir und wer möchten wir gerne sein**? Wenn wir diese Debatte annehmen und fundiert führen, liegt darin eine große Chance. Indem wir in ein Gespräch über unsere Werte einsteigen, stellen wir den Status Quo in Frage und können gegebenenfalls Kursänderungen vornehmen, wenn nur genügend Menschen sagen: ‚Das ist mir wichtig, das sollten wir anders machen, das können wir besser!' Dabei ist es wichtig, diese Diskussion fortlaufend und gesamtgesellschaftlich zu führen. Denn **Big Data ist ein Thema, das uns alle betrifft**. Wir können zum Beispiel nachhaltiger sein und auch Leben retten – das Thema kam unter anderem im Zuge der ‚Corona-Apps' auf. Aber dafür zahlen wir mit unseren Daten. Ob im Film oder auf der Theaterbühne – bei all den Geschichten geht es immer um Menschsein, Werte und Entscheidungen. Die Frage nach dem ‚Why', dem Purpose, war, wenn man so will, schon bei Goethe und Schiller ein großes Thema. Wie ich eingangs sagte, Digitalisierung ist für mich eine Einladung zur Kultivierung unseres Menschseins. **Es hat für mich unheimlich viel mit Verbindung, mit Kreativität und mit Kommunikation zu tun.** Skills, in denen Frauen tendenziell stark sind!

Gibt es viele Frauen in deinem Umfeld? Und sind dir Vorbehalte begegnet in Bezug auf Frauen und Technologie?

Bei Digitalkonferenzen korreliert der Frauenanteil mit dem Fachthema. Bei Finance und Cyber Security sehe ich weniger Frauen im Raum als bei Digital Health, Content Marketing und Start-Up Konferenzen. Generell sind nach meiner Erfahrung bei Digitalkonferenzen meist mehr Männer anwesend. Ausnahmen bestätigen die Regel, wie zum Beispiel eine auf hohem Niveau geführte Frauen-Blockchain-Konferenz im Deutschen Zentrum für Luft- und Raumfahrt in Hamburg, bei der ich ein Panel leiten durfte. Ich würde mir wünschen, mehr Frauen zu sehen, das gilt gleichermaßen für das Publikum wie für die Bühne. Ich würde mir generell mehr Diversity auf solchen Veranstaltungen wünschen. Das postulierte Ziel von Firmen wie Bundesländern ist oft gleich: Wir müssen alle Mitarbeiterinnen und Mitarbeiter, alle Bürgerinnen und Bürger bei der digitalen Transformation mitnehmen. Wir müssen sie für das Thema begeistern und einladen, mitzumachen und mitzugestalten! Da frage ich mich bei manch einem Ministeriums-Event: Warum ladet ihr dann nicht einige Mütter und Väter, Handwerker/-innen und Schüler-/innen mit dazu ein? Sei es als Gäste, als Reporter/-innen und Berichterstatter/-innen des Events oder als Gesprächspartner/-innen auf der Bühne. **Es braucht mehr Inklusion bei dem Thema Digitalisierung, um wirklich in die Exzellenz zu kommen**. Ansonsten bewegen wir uns in einer Blase. Das ist auch der Casus Knaxus des Erfolgs bei vielen digitalen Projekten: die Silos aufzubrechen und aus der Eindimensionalität in die ganzheitliche, multiperspektivische Betrachtung zu kommen. **Vielschichtige Herausforderungen erfordern vielschichtige Blickwinkel**.

In meinem persönlichen Umfeld kenne ich viele Frauen in Tech-Berufen. Das hat natürlich auch damit zu tun, dass wir gleiche Interessen haben und uns so für einen thematischen Austausch finden und nicht selten sogar anfreunden. Ich liebe es, mit Frauen zu netzwerken. Diese Frauen bringen oft viel Energie mit und haben keine Berührungsängste mit dem Thema. Natürlich lerne ich diese Frauen auch deshalb kennen, weil wir gemeinsam bei Konferenzen auf der Bühne stehen, das heißt diese Frauen sind ohnehin aktiv und gehen dynamisch nach vorne. Auch persönlich mache ich gute Erfahrungen, wenn ich zur Arbeit gehe. In der Regel werde ich offen, freundlich und auf Augenhöhe begrüßt, angenommen und ins Team integriert. Ich bin auch ein offener und kommunikativer Mensch und versuche, mich auf mein Umfeld einzulassen. Auch habe ich nicht den Eindruck, dass es in den Begegnungen um mein Geschlecht geht. Es geht schlichtweg darum, dass ich etwas zu sagen habe und über viele Jahre aufgebautes Knowhow mitbringe, weswegen ich auf Augenhöhe diskutieren kann.

Doch erlebe ich gleichzeitig stellenweise eine Zurückhaltung bei Frauen, mutig zu sein, wenn es um berufliche Belange geht. **Mut ist eine Eigenschaft, die ich in diesem Zusammenhang bei Männern tendenziell stärker ausgeprägt sehe**. Da erlebe ich immer wieder mal ein Zögern, wenn es um das Auftreten vor der Kamera oder auf der Bühne geht – selbst bei inhaltlich hoch kompetenten Frauen, die dann bisweilen Männern den Vortritt lassen. Doch ich darf versichern, nach über zwei Jahrzehnten Backstage-Erfahrung mit Männern und Frauen kurz vor dem Auftritt: **Am Ende sind wir alle**

Menschen. Und selbst bis ins C-Level zeigt sich ab und an eine Portion Aufregung und Unsicherheit vor dem Entern der Bühne. So dass ich Minuten vor dem Auftritt gut zureden und ein wenig Bühnencoaching geben darf. Und auch auf der Bühne habe ich so manch zitternde Hände gesehen, ich stehe als Moderatorin ja direkt daneben. Wenn ich so darüber nachdenke, würde ich fast sagen, dass Frauen, WENN sie sich erst mal entschieden haben auf die Bühne zu gehen, bisweilen aufgeräumter sind als Männer. Ich möchte gerne alle Frauen ermutigen, sich in den Driver Seat zu setzen. Auch wenn dazu bisweilen eine Portion Mut gehört. Für mich persönlich gehört Mut mit zu meinen wichtigsten Eigenschaften. Denn: **Wir wachsen mit unseren Aufgaben**.

Spielt Mindset dabei eine Rolle?

Es gibt tendenziell geschlechterspezifische Herangehensweisen, mit Herausforderungen umzugehen. Das ist natürlich menschlich individuell, insgesamt sehe ich es eher so, dass Frauen länger und fundierter planen. Männer nehmen früher die Herausforderung an und entwickeln sich auf dem Weg. **Wachstum beginnt in dem Bereich, wo ich mich nicht mehr hundert Prozent in meiner Komfortzone und in Sicherheit befinde**. Ich liebe Herausforderungen, weil ich gerne wachse. Ich werde dadurch immer bunter und vielfältiger, gehe immer mehr in die Fülle und entfalte meine persönlichen Potenziale. Das motiviert mich und macht mich glücklich. Wenn ich neue Welten entdecke und meinen Spielraum erweitere, fühle ich mich zu 100 Prozent lebendig und bin ganz in meinem Element. Selbstredend mache ich dabei Fehler, manchmal verpatze ich Dinge auch ganz gehörig. Aber der Drang, mich zu entfalten, ist weitaus größer als die Angst vor Fehlern. **Der Sinn des Lebens ist, sich in seinen Anlagen zu entfalten**. Das machen Tiere und Pflanzen automatisch: Sie wachsen so groß und schön wie nur möglich, das gilt für den Pudel wie den Rhododendron. Nur wir Menschen, wir denken und reflektieren. Im Prinzip eine tolle Sache – aber diese Selbst-Reflexion kann auch in negative Gedankenspiralen führen und dafür sorgen, dass wir uns klein halten. Wir stecken uns dann vielleicht einen engen Rahmen, den es gar nicht benötigt und bauen Begrenzungen um uns herum, die nur in unseren Gedanken bestehen.

Warum machen Menschen das?

Möglicherweise agieren Menschen so, weil sie mal ein negatives Feedback bekommen haben und daraus den Schluss ziehen: ‚Ich bin dieses oder jenes nicht wert'. Oder sie sagen, wenn sie mal scheitern: ‚Ich kann das halt einfach nicht'. Manchmal erzählen mir Freunde: ‚Was habe ich mich in dieser Sache doof angestellt, vielleicht ist das ein Zeichen, dass ich das besser ganz sein lassen sollte'. Und dann antworte ich ihnen: ‚Herzlich willkommen im Club der rund 8 Milliarden Menschen, die auch immer wieder scheitern! Inklusive mir. Und nun aufgestanden und weitergemacht'. Gleich aus welchem Blickwinkel man auf dieses Thema schaut, sei es evolutionär-naturwissenschaftlich oder spirituell: **Sich in seinen Möglichkeiten, Talenten und Potenzialen zu entfalten, macht einfach Sinn**. Denn dann haben wir im wahrsten Sinne des Wortes ein erfülltes Leben. Das ist auch im Sinne einer erfolgreichen digitalen Zukunft und einer positiven gesellschaftlichen Entwicklung. Es wäre der Menschheit deswegen dienlich, wenn wir den menschlichen Aspekt noch viel stärker in all die digitalen Debatten integrieren.

Du sprichst in deinen Keynotes auch über die Wichtigkeit der ‚Third Dimension'. Was meinst du damit?

Digitale Zeiten sind exponentielle Zeiten. Wir leben in einem Zeitalter, in dem alles schneller, weiter, höher wird. Diese Dynamik des Systems kann nur dann die Balance halten, wenn wir auch in die Tiefe gehen und unserem Tun Substanz verleihen. Ein Raum besteht aus Höhe, Breite und Tiefe. Wir sollten in Wirtschaft und Gesellschaft ein Spielfeld schaffen, in das diese dritte Dimension – der Mensch und die Tiefe des Menschseins – unbedingt mit integriert ist. Anderenfalls gerät das System außer Kontrolle. Weil die Menschen heute schon häufig in ihren Jobs und ihrem Leben überfordert sind. **Der Mensch ist aber gerne der oberste Souverän seines eigenen Selbst**. Das heißt, in einem immer chaotischeren äußeren Umfeld mit einer hohen Dynamik braucht er eine tiefe Verwurzelung mit sich selbst. Weil es sonst passieren könnte, dass es dem Menschen zu viel wird und er sich ausgeliefert, machtlos und hilflos fühlt. Er wird in Folge der gefühlten Bedrohung möglicherweise unleidlich und aggressiv. Und wenn er auch so nicht weiterkommt, könnte er am Ende gar apathisch und depressiv werden. Ich glaube nicht, dass es so weit kommen wird, aber schlimmstenfalls droht uns eine kollektive Depression in Wirtschaft und Gesellschaft. **Wer fliegen will, braucht Wurzeln**. Rein wegen des expansiven Denkens dürfen wir uns als Menschen nicht ent-menschlichen, unser Tun ist doch für den Menschen. Und wenn es nicht mehr für den Menschen ist, macht es keinen Sinn.

Wie erlange ich Souveränität?

Indem ich an mich glaube und in eine immer bessere Beziehung mit mir selbst komme, aus der dann Kraft und Mut entstehen. Je tiefer ich mit mir verbunden bin, umso unerschütterlicher bin ich. Die Königsdisziplin – oder gerne auch die Königinnendisziplin – wäre der mit sich selbst verbundene Mensch, der sich reconnected mit der Gemeinschaft, um miteinander in die volle Potenzial-Entfaltung zu kommen und das ganze Klangvolumen zu nutzen. **Wir vernetzen Kühlschränke und Autos und sogar Kühe werden vernetzt. Wir sollten dringend viel mehr darüber sprechen, wie wir uns als Menschen besser miteinander vernetzen können**. Auf Social Media like ich bewusst Beiträge von Frauen, die ähnliche Sachen machen wie ich. Ich habe keine Angst, dass ich dadurch weniger Aufträge erhalte, sondern bin vom positiven Karma überzeugt. Ich möchte sie gerne ermutigen und ein Zeichen setzen: ‚Lasst uns nicht gegeneinander, sondern miteinander sein'. Auch habe ich ein hohes Interesse daran, dass es den Menschen und der Welt gut geht, denn dann wird auch meine Lebensqualität ansteigen. Je besser die Menschen mit sich selbst und mit dem Rest der Menschheit verbunden sind, desto höher ist unser aller Lebensqualität. **Ich lebe gerne in einer Kultur der Fülle**, dann ist die Welt voller Energie, Potenzialen und erfolgreichen Menschen. Und das färbt doch auch auf mich ab. Ein Perpetuum-Mobile-Effekt: Wir bereichern uns gegenseitig und stoßen uns an. Die Energie kommt zurück.

Sind Frauen dann die besseren Führungskräfte?

Frauen wie Männer können wunderbare Führungskräfte sein. Das ist für mich nicht eine Frage des Geschlechts, sondern der Persönlichkeit. Die Führungskraft der Zukunft wird im besten Falle eine sein, die eine exzellente Verbindung mit sich selbst hat. Zum einen, weil ein Mensch, der mit seiner Quelle verbunden ist, wahrscheinlich einen guten menschlichen Instinkt mitbringt, der Gold wert ist für alle Fragen und Aufgaben, die sich nicht mal eben schnell mit Big Data lösen lassen. Zum anderen, weil so ein Mensch die Menschen um sich herum empowern und inspirieren, aber auch Sicherheit ausstrahlen kann. Und für wen engagieren wir uns am meisten? Für die Menschen, mit denen wir uns am meisten verbunden fühlen. Und das ist einfacher bei einem Menschen, der eine tiefe Integrität hat. Wenn jemand primär in den äußeren Zwiebelschalen seines eigenen Selbst lebt, sende ich Frequenzen in seine Richtung, aber sie perlen am Äußeren ab wie Regen auf einer frisch polierten Kühlerhaube. Ein Mensch, der Integrität mitbringt, ist ein Ruhepunkt, mit dem sich Menschen verbinden können und der andere Menschen inspiriert. Es gibt Dinge, die kann man nicht rein analytisch lösen – insbesondere in einer Welt, in der Algorithmen immer smarter werden. **Exzellenz kann nur durch Ganzheitlichkeit entstehen**. Jeder, der diese

Ganzheitlichkeit einbringen kann, ist eine gute Führungskraft, Frauen wie Männer. Frauen sind bisweilen reflektierter in der Wahrnehmung ihrer eigenen Gefühle sowie der Gefühle ihres Gegenübers. Es gibt selbstverständlich ebenso Männer, die sehr stark darin sind, aber wie ich die Welt bisher erleben durfte, gibt es da eine noch stärkere Tendenz bei Frauen. Deswegen sehe ich große Potenziale für Frauen, mit dem immer wichtiger werdenden Skill der emotionalen Intelligenz einen exzellenten Job als Führungskraft zu machen. Wir brauchen Menschen, die mit positivem Beispiel vorangehen, sich entfalten und Türen für uns öffnen. Unser Sein und alles, was wir vorleben, ist eine Einladung an andere Menschen, das auch zu tun!

Besten Dank für den spannenden Austausch!

„Der Anteil von Frauen in der Startup-Welt ist in den letzten Jahren langsam aber kontinuierlich gestiegen, liegt mit 15,1% jedoch noch auf einem sehr niedrigen Niveau. Die Vereinbarkeit von Familie und Beruf spielt für Startup-Gründerinnen eine große Rolle und hat deutlichen Einfluss auf ihre Arbeitsorganisation. Frauen haben seltener einen technischen Studienhintergrund und sind auch daher in digitalen Branchen unterrepräsentiert. Die externe Finanzierung und die Vernetzung zur etablierten Wirtschaft stellen Gründerinnen-Teams noch vor Herausforderungen."

Deutscher Startup Monitor (2019): Female Founders Monitor, S. 6

„Hier ist die Gleichberechtigung noch nicht verwirklicht"	**Deutschland, 30-59 Jahre**
Verdienst	88 %
Karriere, beruflicher Aufstieg	61 %
Hausarbeit	57 %
Kindererziehung und -betreuung	52 %
Berufswahl	27 %

Nach: Institut für Demoskopie Allensbach (2019): Generation Mitte 2019, S. 16 (Auszug)

---

20. Ins kalte Wasser springen und ausprobieren: Annamarie C. Krcmar, Industry Marketing Manager @ ServiceNow

Annamarie C. Krcmar, Industry Marketing Manager, ServiceNow

Über mich: Ich bin Annamarie C. Krcmar, 28 Jahre alt und lebe seit Ende 2019 in München, wo ich als Industry Marketing Manager bei ServiceNow, einem amerikanischen Enterprise Software Unternehmen, arbeite. Vor meiner Zeit in München war ich bei SAP America in Palo Alto im Silicon Valley tätig. Dort war eine meiner Aufgaben, die globale Technologie-Partnerschaft zwischen SAP und Google Cloud mit aufzubauen. Nach meinem Studium der BWL an der Universität Eichstätt-Ingolstadt mit Auslandssemester in Argentinien hat es mich nach Shanghai verschlagen, wo ich als Projektmanagerin bei MING Labs, einem Start-Up im Bereich Mobile App Development, tätig war. Wenn ich gerade nicht meinen nächsten Umzug um die Welt plane, bin ich am liebsten draußen in der Natur, um von der Arbeit abzuschalten und ein richtig gutes Workout zu machen. Als Triathletin trifft man mich meistens beim Schwimmen, Radfahren, oder Laufen. In den letzten Jahren habe ich auch Yoga für mich entdeckt, um ein wenig mehr zur Ruhe zu kommen und meine Konzentration zu verbessern. Ich könnte nicht ohne Musik (Fun Fact: Ich war während meiner Schulzeit quasi Profi-Geigerin!) und meine lange Liste an Podcasts leben. Ich freue mich insbesondere darauf, in meiner neuen Heimat München eine Gruppe inspirierender und motivierender Frauen kennenzulernen!

Kontakt:
LinkedIn: https://bit.ly/3eCZcM7
Xing: https://bit.ly/2Bm7Xfm

Liebe Annamarie, was machst du aktuell und wie bist du dort hingekommen?

Seit Ende 2019 arbeite ich als Customer Marketing Manager für ServiceNow, einem amerikanischen Enterprise Software-Unternehmen, das digitale Workflows für manuelle und repetitive Unternehmensprozesse baut und in den letzten Jahren stark gewachsen ist. In meiner jetzigen Rolle arbeite ich sehr eng mit unseren Sales Teams zusammen. Meine Aufgabe ist es, eine langfristige Marketingstrategie für unsere größten deutschen Kunden zu entwickeln und unsere Kunden in ihrer ServiceNow-Implementierung so erfolgreich wie möglich zu machen.

Nach Abschluss meines Studiums habe ich mich entschieden, direkt zu arbeiten und wollte das im Ausland machen. Da ich bereits während meines Studiums ein Praktikum in China absolviert hatte, zog ich für meinen ersten Job nach Shanghai. Ich hatte zu diesem Zeitpunkt keine Verantwortung, abgesehen von meiner Miete und Versorgung. Daher stellte der Umzug nach China kein großes Risiko für mich dar. Nach meiner Zeit in China wollte ich dann in die USA, um zu sehen, wie es in der Wiege der Technologiewelt läuft. Die letzten zweieinhalb Jahre habe ich bei SAP im Silicon Valley als technische Projektmanagerin gearbeitet und dort die Technologie-Partnerschaft zwischen SAP und Google Cloud aufgebaut. Ich war quasi Ansprechperson und Bindeglied zwischen den Google Cloud Engineering Teams und den SAP Engineering Teams. Es ging darum, die recht komplementären Produkte von SAP und Google zusammenzubringen und dadurch einen Mehrwert für unsere Kunden zu schaffen.

Wie kam es zu der Entscheidung, im IT-Umfeld tätig zu werden?

Möglicherweise hätte ich anstelle von BWL lieber Informatik oder zumindest Wirtschaftsinformatik studieren sollen. Im Nachhinein weiß man vieles besser, aber ich bereue das BWL-Studium letztendlich nicht. Durch meine berufliche Erfahrung habe ich erkannt, dass manchmal die Stimme des Kunden zu kurz kommt – wegen all der Euphorie um eine neue Technologie. Die BWL hilft mir dabei, mich in die Situation des Kunden hineinzuversetzen. Um mein technisches Wissen stetig weiterzuentwickeln, frage ich meine Kolleginnen und Kollegen in der Entwicklung regelmäßig, ob sie mir bei einem Kaffee ihre aktuellen Projekte erklären können. Wir alle sprechen gerne über unsere Arbeit! Mein größtes Bedenken bei der Wahl meines ersten Jobs in der IT war, dass ich nicht die richtige Entscheidung für meine Karriere treffe, wenn ich diese bei einem kleinen Unternehmen mit weltweit nur 70 Mitarbeitern beginne. **Ich dachte, der erste Job nach dem Studium sei kriegsentscheidend für den Verlauf meiner Karriere**. Heute kann ich bestätigen, dass dieser Fall nicht eingetroffen ist. Insbesondere in der IT-Branche gibt es viele Freiheiten in der Gestaltung eines Karriereweges.

Der Grund, weshalb ich mich entschieden habe, den Wechsel von der BWL in die IT zu machen, war unser ‚Women in Business' Blog. Zu dem Zeitpunkt, als eine Kommilitonin und ich den Blog ins Leben gerufen haben, wurde das Buch ‚Lean In' von Sheryl Sandberg veröffentlicht. Es war das erste feministische Manifest, das ich gelesen hatte. Ich war von Sheryl Sandberg als Person fasziniert und von ihrer Rolle als COO bei Facebook beeindruckt. Sie kam ebenfalls aus dem Business- und Finance-Bereich in die Technologiewelt und ich dachte mir: ‚**Wenn sie das kann, dann kann ich das auch**!'. Sheryl Sandberg war zu diesem Zeitpunkt ein wichtiges Rollenvorbild für mich.

Erzähl uns mehr von eurem ‚Women in Business'- Blog, was hat es damit auf sich?

Die Idee, einen Blog zu starten, kam in der Mitte des Studiums auf. Einer Kommilitonin und mir ist aufgefallen, dass unsere Kommilitoninnen sich weitaus seltener meldeten als unsere männlichen Kollegen, zum Beispiel in Vorlesungen oder in Gruppenarbeiten. Der andere Grund war, dass uns der Zugang zu praktischen Tipps und Vorbildern fehlte, um uns zu motivieren und uns aufzuzeigen, wie die Karriere nach dem Studium verlaufen könnte. Ausschlaggebend für die tatsächliche Umsetzung des Blogs waren letztendlich die bösen Reaktionen unserer männlichen, konservativen und eher traditionellen BWL-Kommilitonen zu unserem Konzept.

Zum Blog selbst: Die Idee war, Studien zum Thema Gleichberechtigung und vor allem zu ‚Women in Business' für unsere Leserinnen und Leser zusammenzufassen. Wir hatten zu diesem Zeitpunkt keine eigene berufliche Erfahrung, **aber wir wussten, wir können von der Erfahrung anderer Frauen lernen**. Die für uns relevanten Erkenntnisse haben wir aufbereitet und alle zwei Wochen in einem Blog-Artikel veröffentlicht (https://women2business.blogspot.com). Während der Studienzeit haben wir viel Zeit und Herzblut in das Thema und den Blog gesteckt. Doch als das Studium zu Ende ging, haben wir es zur Seite gelegt, da die Zeit fehlte und eine Unternehmensgründung sich daraus nicht ableiten ließ. Auch wenn wir den letzten Blogartikel Ende 2014 verfasst haben, sind viele der Themen, leider, heute noch aktuell.

Mit welchen Herausforderungen wurdest du in deiner Karriere konfrontiert?

In meinen Rollen bei SAP bin ich stark gewachsen, weil es Situationen gab, in denen ich mich nicht wohl gefühlt habe und nicht exakt wusste, wie ich die Herausforderung stemmen soll. Doch man wächst mit seinen Aufgaben und man darf Fehler machen. Ein Zitat von Ginni Rometty, der ehemaligen CEO von IBM, ist mir dabei im Kopf geblieben: '**If you're going to grow as a person you've got to get comfortable with being uncomfortable**.' Oftmals ergeben sich neue Möglichkeiten, wenn man ein ‚Stretch Assignment' annimmt – selbst, wenn diese nicht in den vorstrukturierten Drei- bis Fünf-Jahresplan passen. Das sind jedoch exakt die Situationen, in denen man persönlich große Wachstumssprünge macht. Man muss nicht in jedem Fall 100 Prozent auf alles vorbereitet sein, auch wenn wir Frauen dafür ein Faible haben.

Das klassische Beispiel sind hier Jobausschreibungen: Frauen bewerben sich nur dann auf einen Job, wenn sie 100 Prozent der geforderten Kriterien erfüllen, Männer dagegen bereits, wenn sie nur 60 Prozent erfüllen. Diese Denkmuster spiegeln sich leider häufig in Unternehmen wider und halten Frauen davon ab, weiter zu wachsen oder neue Rollen anzunehmen. Wenn ich in einer Situation stecke, in der ich mir nicht sicher bin, ob ich eine neue Herausforderung annehmen soll, frage ich mich selbst, wie ein Mann in dieser Situation handeln würde. Das soll definitiv keine allgemeingültige Handlungsmaxime sein. In einigen Fällen ist es hilfreich, um eine andere Perspektive auf das Problem zu gewinnen.

Ein Thema, welches mir diesbezüglich sehr wichtig ist, ist die Gehaltsverhandlung. Ich habe beobachtet, dass Frauen sehr wohl eine Vorstellung davon haben, wie hoch ihr Gehalt sein soll. Einige zögern allerdings, im nächsten Schritt tatsächlich nach diesem Betrag zu fragen. Weil man nicht zu fordernd wirken möchte oder weil ein Ziel noch nicht erreicht ist. Um diesen Bedenken gegenzusteuern, stelle ich mir gerne folgende Frage: **Was ist das Schlimmste, das passieren kann**? Das Schlimmste ist ein ‚Nein' als Antwort auf meine Frage. ‚Nein' ist eine gute Antwort, denn mit ihr kann ich arbeiten! Ich kann ein offenes Gespräch mit meinem Gegenüber führen, was ich für eine Gehaltserhöhung, eine Beförderung, einen Rollenwechsel noch leisten beziehungsweise noch lernen sollte. Eine klare Definition von Kriterien schafft auf beiden Seiten Transparenz und erleichtert das nächste Gespräch zu diesen Themen. Und das nächste Gespräch kommt ganz sicher!

Welche Tipps kannst du jemandem mitgeben, der im IT-Bereich Fuß fassen möchte?

Ein genereller Tipp ist, sich zu trauen und sich nicht davon abschrecken zu lassen, dass man selbst nicht Informatik studiert hat. Auch ohne Studium in diesem Bereich kann man sich zu aktuellen Themen in der IT informieren und fortbilden. Es gibt viele Möglichkeiten, um sich neben dem Studium oder dem Job fachlich weiterzuentwickeln: sich mit anderen auszutauschen, die in dem Bereich von Interesse bereits tätig sind, zum Beispiel über LinkedIn, Meet-Ups, Kolleginnen und Kollegen etc. Die meisten Menschen sprechen gerne über ihre Erfahrungen und ihren Job, wenn man sie danach fragt. Eine weitere Möglichkeit sind MOOCs (Massive Open Online Courses), die mittlerweile über viele Plattformen zur Verfügung gestellt werden, wie zum Beispiel Coursera und Udemy. Universitäten wie zum Beispiel die Stanford University haben eine Plattform für online Learning, die für alle zugänglich ist. Man braucht lediglich einen Internetbrowser und Motivation. Abschließend kann ich euch nur Mut zusprechen: **Einfach ins kalte Wasser springen und es ausprobieren**. Was ist das Schlimmste, das passieren kann?

Lieben Dank für den Gedankenaustausch!

„Warum es mehr Frauen in der Technik braucht: Forschungsgruppen mit einem ausgeglichenen Geschlechterverhältnis erreichen Projektziele schneller und günstiger. Es gibt mehr Innovationen, da Frauen zusätzliche Aspekte und Ziele einbringen. Das Verhältnis von Risikobereitschaft/ Experimentierfreude und Bewahrendem ist ausgeglichener."

ETH Zürich (2019): Frauen können keine Mathematik, S. 3

Frauen-Netzwerke im Fokus – Tipps von Sabrina

Fast alle Interviewpartner haben den Wert von Netzwerken herausgestellt. Am häufigsten wurden die folgenden **Vorteile** benannt:
- Ähnliche Herausforderungen, dadurch leichter persönlicher Zugang
- Hohe Vertraulichkeit im Austausch
- Gegenseitige Motivation und Ratschläge
- Zugang zu interessanten Stellenangeboten
- Leistungen von Frauen sichtbarer machen

Zwischenzeitlich gibt es eine große Zahl an Netzwerken. Um eine erste Orientierung zu geben, findet ihr im Folgenden einige **bekannte (zum Teil kostenpflichtige) Frauen-Netzwerke**:

Business and Professional Women: eines der größten Netzwerke für Unternehmerinnen und berufstätige Frauen weltweit, initiierten in Deutschland den Equal Pay Day (www.bpw-germany.de)

Verband berufstätiger Mütter: Interessenverband für Selbständige und Beschäftigte (www.vbm-online.de)

Verband deutscher Unternehmerinnen, vertritt die Interessen von Unternehmerinnen in Politik, Gesellschaft und Gesellschaft (www.vdu.de)

Webgrrls.de für weibliche Fach- und Führungskräfte in den Neuen Medien (www.webgrrls.de)

Kompetenzzentrum Technik-Diversity-Chancengleichheit e. V., deren bekannteste Projekte der Girls` Day und der Nationale Pakt für Frauen in MINT Berufen sind („Komm, mach MINT") (www.kompetenzz.de)

Global Digital Women: Unternehmen, das unter anderem Frauen aus der Digitalbranche vernetzt, finanziert über Kooperationspartnerschaften mit Konzernen und Mittelständlern (www.global-digital-women.com), Gründerin: Tijen Onaran, eine sehr inspirierende Frau, die auch das Vorwort zu diesem Buch verfasst hat.

Panda: für Frauen in Führungspositionen, Zugang über Bewerbung oder Contest-Events (www.we-are-panda.com)

Mompreneurs: Netzwerk für Mütter, die gleichzeitig Entrepreneure sind – vom Kunsthandwerk bis zum Marketing (www.mompreneurs.de)

Nushu Female Business: Business-Netzwerk für ambitionierte Frauen (www.teamnushu.de)

Generation CEO: Verein für die Verbesserung der Situation von weiblichen Führungskräften auf dem Weg ins Top Management, über die Aufnahme entscheidet ein Gremium (www.generation-ceo.com)

Business Kollektiv: eine persönliche Empfehlung von Herzen, denn dem (vorrangig) Münchner Netzwerk gehöre ich, Sabrina, selbst an. Es lebt von offenem und herzlichem Austausch. Die Gründerin Anna Rossi, die wir ebenfalls interviewt haben, verleiht dem Netzwerk einen persönlichen Charme (www.businesskollektiv.de).

Digital Media Women e.V. mit dem Ziel der Gleichberechtigung von Frauen und Männern in der digitalen Welt (www.digitalmediawomen.de)

Leading Women Business Network, das nicht nur Frauen untereinander, sondern auch Frauen mit Unternehmen vernetzten will (www.leadingwomen.de)

Darüber hinaus gibt es Frauen-Netzwerke in Unternehmen oder an Universitäten (zum Beispiel: Women of TUM (Technische Universität München)), für verschiedene Branchen und Berufsgruppen sowie Veranstaltungen, die über Eventbrite oder Meet-Up häufig kostenlos besucht werden können. Auch in den sozialen Medien wie Facebook, Instagram oder LinkedIn finden sich relevante Gruppen. **Welches Netzwerk du wählst, hängt von deiner Rolle, deinem Background und deinen Zielen ab**. In aller Regel bieten Netzwerke die Möglichkeit, sich selbst bei einem Treffen ein Bild zu machen, ehe man sich zur Mitgliedschaft verpflichtet.

Hier einige Empfehlungen für Instagram:

@missionfemale – #strongertogether
@boldwomanglobal – „dare to be bold!"
@female_one_zero – eine „source of inspiration"
@shepotential – „die Businesswelt braucht Mütter"
@vereinbarkeits_lab – die den „Hut neu denken“
@hercareer – für die „weibliche Karriere-Entwicklung“
@womenect – „connecting women across borders“
@aenne.official – "Be badass. Be you". Das sitzt.
@fem.fact – because #equalitycantwait
@businessandshe – der Name ist Programm
@grace.accelerator – für mehr Gründerinnen
@futurewoman.de – für die Erhaltung unseres Planeten
@digitalebildungfueralle – weil es genau das braucht

@femtec.network – Karrierenetzwerk für MINT-Begeisterte
@womens.hub – „share your vision"
@femaletechleaders – „to empower women in STEM"
@frauenmacht – für "mutige Macherinnen"
@femalefounderspace – na klar für #femalefounders
@editionf_com – „das digitale Zuhause für Frauen"

Viel Spaß und Erfolg beim Netzwerken!

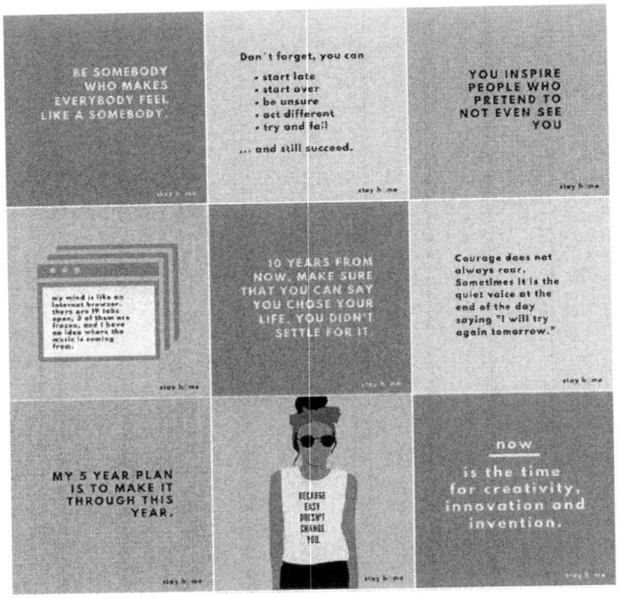

Quelle: Global Digital Women @ Instagram

„Sei nicht eingeschüchtert von dem, was du nicht weißt. Das kann deine größte Stärke sein, weil du dadurch Dinge anders machst als alle anderen."

Sara Blakely (Gründerin und Geschäftsführerin von Spanx)

21. Stilsicherheit in allen Lebenslagen (Expertenbeitrag): Maren Assmus, Gründerin @ YOUR PERSONAL STYLIST

Maren Assmus, Stylistin & Gründerin, YOUR PERSONAL STYLIST; Bildrechte: Eva Fredrichs

Über mich: Nicht viel Mode macht dich zur stilsicheren Frau, sondern die passende! Meine besondere Fähigkeit als Stylistin ist es, die Persönlichkeit eines Menschen schnell zu erfassen und in einen authentischen Look zu verwandeln.

Kontakt:
Website: www.your-personal-stylist.com
Instagram: https://bit.ly/3cg4Zpu
Facebook: https://bit.ly/2ZXtlSb

Liebe Frau Assmus, was ist Ihre Mission in der Stil- und Modeberatung?

Mein Ziel in der Stilberatung ist es, Frauen im Beruf sichtbar zu machen. Viele erfolgreiche Frauen haben ihre Prioritäten auf den Beruf gelegt und haben wenig Muse sich mit dem Thema Mode zu befassen. Oft greifen sie aus Routine zum Business-Kostüm oder ziehen immer wieder dasselbe an. Das ist schade, denn die **Mode kann die Persönlichkeit unterstreichen**

und sehr authentisch sein. Es ist einfach nicht möglich, mit Kleidung nichts auszusagen, es sei denn wir gehen nackt auf die Straße und selbst damit sagen wir etwas über uns aus. Die gute Nachricht ist: Frauen haben so viel mehr Möglichkeiten, sich im Beruf mit Kleidung auszudrücken als Männer!

Was hat Kleidung mit Persönlichkeit zu tun?

Das fängt an bei der Eigenwahrnehmung: Wer bin ich und wofür will ich stehen? Was sind meine Werte und Überzeugungen im Leben? Wenn ich das reflektiert habe, dann werde ich das ebenso nach außen tragen – oder darauf verzichten, weil es in der Situation nicht angemessen ist. Die Wirkung wird nicht jedem gefallen, mit Reflexion gelingt es jedoch, negativen Kommentaren mit Selbstbewusstsein zu entgegnen. Frauen wollen oftmals gefallen, wir alle wollen das, deswegen sind Grenzen dermaßen wichtig. Lass dich nicht auf dein Äußeres reduzieren. Aber nutze es, weil du etwas zu sagen hast.

Kleidung schafft eine Geisteshaltung und eine Stimmung. Im Jogginganzug bin ich in geringerem Maße fokussiert auf die Arbeit als im Business Dress. Kleidung drückt also meine Ziele aus, wo ich hin will. Insbesondere Führungskräfte dürfen sich da ihrer Vorbildfunktion bewusst werden. **Man hat gar keine Möglichkeit, mit Mode nichts auszusagen**. Es sei denn, du gehst nackt auf die Straße.

Wir zeigen mit Kleidung unsere Gruppenzugehörigkeit, besonders auffällig ist das beispielsweise bei Punks. Dieses Wissen können wir nutzen, um bei einer Netzwerkveranstaltung positiv in Erinnerung zu bleiben. Wenn im Nachhinein über Sie gesprochen wird, beispielsweise: ‚Die Frau mit dem gelben Blazer wirkte sehr sympathisch'. Dann hat sich der Abend gelohnt. Frauen können natürlich ebenfalls Dominanz ausstrahlen. Eine aufrechte und stolze Haltung, den Blick halten können, das sind wundervolle Möglichkeiten, den ersten Eindruck zu prägen. Wenn Männer zum Beispiel den unteren Knopf beim Anzugärmel offenlassen, dann ist das ein Zeichen dafür, dass die Knopflöcher nicht von der Maschine gemacht wurden, sondern von Hand. Männer achten sehr auf solche Details, auf den Knoten der Krawatte und die gewählten Materialien.

Welche Faktoren spielen bei der Kleiderwahl eine Rolle?

Es macht viel aus, wie man Materialien kombiniert. Bedingt durch Trends und die Massenmode haben wir viel mehr Synthetik zu Hause, als wir streng genommen wollen. Leider schwitzt man mit Synthetik sehr stark. Daher ist die Frage, wie wir die Teile intelligent kombinieren, so dass ein guter Look entsteht. Zum anderen ist das Setting sehr wichtig. Es macht einen Unterschied, ob ich mich auf der Bühne bewege oder im persönlichen Umgang. Ich versuche dabei, die gesamte Situation im Auge zu haben, in der die Mode zum Einsatz kommt. Wer sitzt mir gegenüber, denn ich will die Zielgruppe nicht überfordern. Ich gebe dem Betrachter etwas zum Nachdenken, überfordere ihn jedoch nicht. Erzähle mit der Mode von deiner Persönlichkeit, deiner Herkunft und deinen Interessen. **Es ist so schön, Kompetenz mit Stil zu unterstreichen.**

Business Kleidung ist funktional, die Kleiderwahl kostet wenig Zeit. Und das ist völlig in Ordnung, solange es eine bewusste Entscheidung ist. Das Schöne ist doch, dass wir Frauen so viele Möglichkeiten haben und nicht nur den Anzug tragen müssen, um uns auszudrücken. Ich ermutige dazu, auszuprobieren und zu experimentieren. Gleichzeitig gibt es Situationen, in denen die Sicherheit im Vordergrund steht. Wenn eine Frau auf der Bühne steht, will sie sich keine Gedanken mehr um ihr Outfit machen, ob es sitzt oder kneift, ob die Technik ihren Platz hat und die Schuhe einen sicheren Stand vermitteln. Denn dann steht ihre Kompetenz, ihre Botschaft im Vordergrund. Deshalb arbeiten wir gerne vorab mit den Frauen, analysieren den Kleiderschrank und stellen Outfits zusammen, die exakt diese Sicherheit geben. **Kleidung hat viel mit Emotionen und Erinnerungen zu tun**. Da hilft eine externe Begleitung, um loszulassen. Die Investition zahlt sich rückwirkend vielfach aus.

Gibt es Prinzipien, nach denen Sie arbeiten?

Ich arbeite nach dem Minimalismus-Prinzip. Mein Kleiderschrank ist nicht mehr als einen Meter breit und das ist total angenehm. Das war für mich ein Weg, vorher hatte ich einen begehbaren Kleiderschrank. Die Kleidungsstücke, die ich dauerhaft behalte, stehen in gewisser Weise mit mir im Kontakt, diese weibliche Intuition können wir als Vorteil nutzen. Das erleichtert das Reisen ungemein, wenn ich explizit weiß, welche Teile sich wie kombinieren lassen. Diesen strukturierten Rahmen brauche ich, insbesondere als kreativer Kopf.

Ich mache keine typische Farbberatung. Ich habe das schlicht im Gefühl und arbeite mit den Kontrasten von Haut, Haar und Kleidung. Das hat nichts mit den klassischen Stereotypen zu tun, dass helle Haut keine dunklen Farben tragen darf. Auch Kombinationen, Materialien, Accessoires und Makeup können da einiges ausgleichen. Für mich gibt es keine Grenzen. **Viel zu viele Menschen geben viel zu viel Geld aus, um Menschen zu gefallen, die**

sie gar nicht mögen. Meine Arbeit stellt das Wohlbefinden und die Kompetenz in den Vordergrund, um diese durch Stil zu unterstreichen.

Welche Tipps können Sie uns mitgeben?

1. **Werde dir bewusst, wer du bist und was du ausstrahlen möchtest**. Oft sind wir selbstkritisch und nörgeln an uns herum, bevor es jemand anderes tut. Welche Werte sind dir wichtig? Gibt es eine Frau, deren Stil du magst oder die Dinge sagt, die dich inspirieren? Visualisiere deine Stärken, deine Werte und deinen Stil in einem Vision-Board. Setze dir eine zeitliche Deadline, das Tempo bestimmst du. Ich empfehle, nach inspirierenden Frauen zu suchen, die eine ähnliche Körperform haben wie du.

Outfits: Galeries Lafayette; Bildrechte: Chiara Doveri / Maya Albona

2. **In welchem beruflichen Umfeld bewegst du dich**? Durch die Art, wie wir uns kleiden, zeigen wir, wer wir sind und wohin wir gehören – oder gerne gehören möchten. Das lässt sich an unserer Gesamterscheinung ablesen. Was tragen zukünftige Kolleg*innen? Was tragen die Vorgesetzten? Du kannst

bewusst mit diesem Stil in deiner eigenen Interpretation gehen, oder bewusst anders. Denn wir haben alle das Bedürfnis, in unserer Persönlichkeit wahrgenommen zu werden.

3. **Welche Ansprüche hast du an dein Outfit?** Unsere Outfits sollen die Ansprüche in unserem Alltag erfüllen. Wir wollen darin Rad fahren, sprinten, überzeugen. Die eierlegende Wollmilchsau gibt es nicht. Was nützen die markantesten Absätze, die uns ein gutes Gefühl verleihen und perfekt präsentieren lassen, wenn wir auf dem Weg zur Präsentation wie auf rohen Eiern gehen? Die Lösung: Flexibilität, auch in Sachen Outfit. Speakerinnen empfehlen wir, vorher die Situation auf der Bühne vor Ort abzufragen. Stehen oder sitzen wir? Wenn sitzen, dann worauf, Sofa, Barhocker oder Stuhl? Welche Farbe hat das Sofa? Das gewählte Unterteil sollte dann eine andere Farbe haben. Sprechen wir in ein Mikrofon oder haben wir Headsets? Das beeinflusst die Wahl des Schmuckes. Der Mikrofonhalter findet guten Halt an einem Pencil Skirt oder verschwindet raffiniert unter einer weitgeschnittenen Bluse. Ein Rundhals-Ausschnitt bietet festen Halt für das Mikrofon.

4. **Wirf Glaubenssätze über Bord**. Blau und schwarz beziehungsweise braun passen nicht zueinander? Kleider nur für abends? Die Wahrheit ist das Gegenteil. Wenn es sich gut für dich anfühlt, das Kleid im Büro zu tragen, tu es. Du kannst es mit einem Longblazer oder mit einer Strickjacke layern.

5. **Mach deine besten Eigenschaften sichtbar**. Du bist kulturell bewandert, viel gereist oder hast eine starke feministische Stimme? Dann bring das in deinen Accessoires zur Geltung. Beispiel: Auf besondere Broschen, Ohrringe, Mützen oder Tücher wirst du öfter angesprochen, kannst deine Geschichte somit einfließen lassen und bleibst positiv im Gedächtnis.

Herzlichen Dank für die Insights und Tipps!

„Gib niemals auf, für das zu kämpfen, was du tun willst. Mit etwas, wo Leidenschaft und Inspiration ist, kann man nicht falsch liegen."

Ella Fitzgerald (Sängerin)

Unsere Buchempfehlungen Teil III

Female Leadership – Die Macht der Frauen – Von den Erfolgreichsten der Welt lernen, Kerstin Plehwe

The Female Lead: Women who shape our world, Edwina Dunn

How to be an overnight success, Maria Hatzistefanis

Lean In: Frauen und der Wille zum Erfolg, Sheryl Sandberg

Female Empowerment Series Vol.2: Become a successful female Entrepreneur, Priscilla Posey

The Confidence Code, Katty Kay & Claire Shipman

Start with why, Simon Sinek

The 10x Rule, Grant Cardone

Nice Girls still don`t get the corner office, Louis P. Frankel PhD

Woman on Top, Karen A. Koenig

Wie schlimm ist Ihrer Meinung nach Sexismus in Ihrem Alltag? (selbst von Sexismus mehrmals im Monat betroffen)	
Sehr schlimm	25 %
Eher schlimm	45 %
Wenig schlimm	27 %
Überhaupt nicht schlimm	3 %

Nach: Bundesministerium für Familie, Senioren, Frauen und Jugend (2020): Sexismus im Alltag, S. 25 (Auszug)

„Eine Frau begegnet zweifellos großen Schwierigkeiten auf ihrem Weg, doch sie muss noch viel mehr überwinden. Zuerst sollte keine Frau sagen: ‚Ich bin aber nur eine Frau!‘ Aber immerhin eine Frau! Was willst du mehr?“

Maria Mitchell (Astronomin)

---

22. Jetzt erst recht: Sylvia Kern, Unternehmerin

Sylvia Kern, Unternehmerin

Über mich: Mein Slogan: Der Erfolg hat vier Seiten. Er steht für personelle Vielfalt, Strategie, betriebswirtschaftlichen Erfolg und Mut. Meine Mission und Vision sind es, durch meine Leistungen und mein Know-how eine positive Veränderung in der Kultur in den Unternehmen und Organisationen zu bewirken. Meine Kernüberzeugung ist, dass sich VIELFALT gerade im Anderssein ausdrückt und wir alle Menschen brauchen, um erfolgreich zu sein. Innovationen werden durch unterschiedliche Ideen und Ansätze gewonnen. Diversity Management ist ein Push-Instrument, um die künftigen Herausforderungen der Unternehmen erfolgreich umzusetzen. Diversity meets Agil, Digitalisierung und KI. Mein Background: Certified Diversity Managerin, ERP-Projektmanagement & Consulting, Head of Finance & Controlling. Meine Wegbegleiter: Mut und Spaß :-).

Kontakt:
Website: www.sylviakern.com
LinkedIn: https://bit.ly/3gH5I6E

Liebe Sylvia, du bist im IT-Bereich selbstständig, wie kam es dazu?

Ich komme aus dem IT-Projektmanagement und Consulting für ERP-Systeme wie SAP, Microsoft Dynamics AX & Navision. Ursprünglich, bevor ich den Switch in die IT vollzogen habe, war ich Leiterin Finance & Controlling. Vor 2,5 Jahren habe ich mich selbstständig gemacht und baue seit 2019 ein neues Geschäftsmodell im Bereich ‚Diversity Management' auf.

Nach meiner Ausbildung war ich für ein Retail-Unternehmen tätig. Mit der Option, in alle Unternehmensbereiche ‚reinzuschnuppern', da ich noch keine Ahnung hatte, in welchen Bereich ich gehen wollte. Am ersten Arbeitstag wurde mir mitgeteilt, dass die damalige Leiterin Finance & Controlling gekündigt hatte und just wurde ich gefragt, ob ich diese Position übernehmen möchte. Ausschlaggebend war letztendlich der Kommentar einer externen IT-Beraterin, die meinte: ‚Das schaffst du nicht, du bist viel zu jung'. Das war dann mein Grund und ich dachte: **‚Jetzt erst recht'**.

Es hat Spaß gemacht, mit 19 Jahren den Bereich aufzubauen. Nach 1,5 Jahren habe ich die Leitung für den Bereich Finance & Controlling in einem anderen Unternehmen übernommen. Ich brauche viel Abwechslung, da ich die Herausforderung mag und mir schnell langweilig wird und ich dachte mir: ‚Da muss man noch was draufsetzen können'. Ich habe dann meinen Fachwirt absolviert. Wiederholt habe ich die Schnittstelle mit den ERP-Systemen oder der IT erlebt. Es war faszinierend, die Prozesse zu analysieren und Probleme und Ursachen zu identifizieren. Mir kam der Gedanke, dass man das betriebswirtschaftliche Know-how mit IT verbinden können muss. Mir hat im Finance & Controlling auch das Zwischenmenschliche gefehlt. Ich agiere gerne mit Menschen, kommuniziere gerne und das war in dem Bereich nicht so üblich. Daraufhin bin ich zu einem Microsoft-Partner gewechselt, der eine ERP-Software von Microsoft für KMUs implementiert. In der Beratungsfirma selbst habe ich den Finance & Consulting-Bereich aufgebaut. Ich habe dann ebenso die Kunden hinsichtlich der Implementierung beraten und Projekte geleitet. Danach habe ich noch meine Zertifizierungen für das ERP-System Microsoft Dynamics AX und zum SAP Implementation Project Manager abgeschlossen und für andere IT-Solution-Partner gearbeitet.

Für mich waren Freiheit und Unabhängigkeit stets wichtig, eigene Entscheidungen treffen zu können. Mich interessiert so vieles: Sales, Vorträge halten, neue Ideen und Konzepte entwickeln. Schlussendlich habe ich mich mit meinen Werten eingehender beschäftigt und mich gefragt, wie es weitergehen soll. Den Job beziehungsweise die Tätigkeiten, die ich mir wünsche, bekomme ich nicht in einem Unternehmen. Und so habe ich mich dann Mitte 2017 im IT-Bereich selbstständig gemacht und ERP-Projekte für globale Player, vorwiegend im Bereich Fashion und Retail, erfolgreich umgesetzt.

Was bedeutet IT für dich?

IT beziehungsweise Projektgeschäft bedeuten für mich Herausforderung! Das ist exakt das Richtige für mich: stets mit Innovation und einem neuen Umfeld konfrontiert zu sein, nicht stehen zu bleiben. Sich regelmäßig mit neuen Ideen, Ansätzen, Prozessen und Menschen zu beschäftigen. Gleichgeblieben ist im IT Umfeld das Thema Frau. Als ich angefangen habe, war ich stets eine der Wenigen, und daran hat sich nicht viel geändert. Das war ein wichtiger Punkt, als ich mich selbstständig gemacht habe. **Ich wollte aus den Machtspielchen und patriarchalischen Ansätzen, die es nach wie vor gibt, raus**. Beziehungsweise wollte ich selbst entscheiden können, wann ich ein Projekt beende. Selbst wenn das IT-Umfeld sehr modern ist, zum Beispiel durch internationale Teams, so ist es doch für Frauen nach wie vor mit vielen Herausforderungen verbunden, wie in anderen Branchen auch.

Wie hat sich das angefühlt, als junge Frau in der IT?

Ich bin eher der Typ ‚Jetzt erst recht', wobei ich mich erst im Laufe der Zeit, vor allem seitdem ich selbstständig bin, mit dem Thema konfrontiert sehe und mich damit mehr auseinandersetze. Mir war das damals nicht so bewusst. Es gab tatsächlich viele Situationen, in denen ich mich mehr anstrengen musste, als meine männlichen Kollegen. Oftmals musste ich 180 Prozent geben, um zu zeigen, dass ich mehr auf dem Kasten habe. Es hat mich gestört, permanent meine Kompetenz unter Beweis stellen zu müssen. Insofern hat es mich nicht abgehalten, aber es war durchaus eine große Anstrengung. Wenn du dich als Frau positionierst und zum Beispiel in einem Projekt erklärst, wie es besser laufen kann, dann fühlen sich Männer häufig angegriffen und versuchen, dich einzuschüchtern. Das würde die jeweilige Person in der Art und Weise mit einem Mann nicht machen. Wenn eine Frau selbstbewusst auftritt, wird sie schnell als männlich dargestellt. Ich kleide mich bewusst wie eine Frau, ich will Frau bleiben. Lieber verzichte ich auf eine Position, wenn diese von mir fordern würde, mich männlich zu verhalten. **Mir geht es gar nicht um Mann oder Frau, sondern um Chancengleichheit**.

Zum Thema Diversity: Was könnten Maßnahmen sein, um die Welt zu verbessern?

Beim Thema Diversity sind alle gefragt. Es geht nicht darum, es auf die Politik zu schieben, zum Beispiel im Hinblick auf die Frauenquote. Wir brauchen auch die Männer! Im Moment ist es nun mal so, dass Männer die meiste Macht haben. Vielen Männern ist es vermutlich gar nicht bewusst, was uns Frauen tagtäglich widerfährt. Da steckt nicht in jedem Fall eine böse Absicht dahinter. Wir Frauen müssen mehr einfordern, was uns zusteht, zum Beispiel bei Gehaltsverhandlungen. Es ist ein Mehrwert, Frauen im Team zu haben. Viele Männer erachten das als sehr positiv, es ist eine andere Stimmung im Team. **Mixed Teams sind innovativer.** Vor Kurzem habe ich junge IT-Damen gefragt, wie wir mehr Frauen für IT begeistern können. Die Antwort: Role Models! Frauen, die in der Öffentlichkeit stehen und über ihre Erfahrung sprechen, Tipps mitgeben und als Mentorinnen agieren. Es wird mehr Face-to-Face Coaching benötigt, das ist jedoch auch eine Geldfrage. Man muss offensiv sein und sich Unterstützung holen, klare Ziele setzen und eigene Werte entdecken, dabei aber niemals den Spaßfaktor aus den Augen verlieren. Diversity heißt personelle Vielfalt, es ist nicht beschränkt auf Mann und Frau, sondern umschließt alle Persönlichkeiten mit all ihren Unterschieden. Es geht darum, im Unternehmen das Potenzial der Mitarbeiter zu erkennen und positiv einzusetzen, das trägt gleichermaßen zum betriebswirtschaftlichen Wohl des Unternehmens bei. Es ist essenziell für Unternehmen, umzudenken und es nicht als Last zu sehen. Wenn ich unterschiedliche Menschen als Mitarbeiter habe, brauche ich verschiedene Führungsstile, das Leadership muss sich verändern. Diese unterschiedlichen Lebensentwürfe nehmen Einfluss auf das Unternehmen und es muss sich in Zukunft anders aufstellen, um den Bedürfnissen gerecht zu werden. Mitarbeiter wollen einen Sinn in der Arbeit entdecken, wollen sich gegebenenfalls sozial engagieren und leistungsgerecht entlohnt werden. Durch ein gutes Image in der Außenwelt kann das Unternehmen die Mitarbeiter halten und diese werben neue Mitarbeiter an. Vor allem der Mittelstand hat noch Nachholbedarf.

Glaubst du, dass sich die Situation in Zukunft verbessert und wir diverser werden?

Ja, absolut. Aufgrund der stetig weiter verbreiteten Digitalisierung, Künstlichen Intelligenz und agilen Arbeitsweisen. Ich sehe das als Chance auf Veränderung. Als Unternehmen muss man heutzutage nach rechts und nach links schauen und möglicherweise Qualifizierungsmaßnahmen anbieten, wenn man nicht konkret den Mitarbeiter findet, den man sucht. Man könnte Migranten eine Chance bieten, Unterqualifizierten eine Ausbildung ermöglichen und Frauen fördern. Es gibt derart viele verschiedene Möglichkeiten, man muss nur die Scheuklappen ablegen. Im IT-Bereich gibt es so viele unterschiedliche Positionen. Nehmen wir Consulting: das ist ideal für Frauen. Wir können uns in andere hineinversetzen, verstehen Probleme auf anderen Ebenen und können uns deswegen in diesem Bereich gut positionieren.

Besten Dank für das offene Gespräch!

23. Zum Patriarchat der Wirtschaft: Dr. Rosa Kriesche-Küderli, Executive Strategy Director @ Serviceplan

Dr. Rosa Kriesche-Küderli, Executive Strategy Director, Serviceplan; Bildrechte: Serviceplan

Über Dr. Rosa Kriesche-Küderli: Rosa Kriesche-Küderli ist Executive Director der Agenturgruppe Serviceplan, Europas größte inhabergeführte Werbeagentur mit rund 4 200 MitarbeiterInnen. Seit 15 Jahren forscht und berät sie in den Bereichen markt- und kundenorientierte Unternehmensführung, Marken- und Positionierungsprozesse, integrierte Kommunikationsstrategie und digitale Transformationsprozesse. Ihr jüngstes Paper ‚Das Patriarchat der Deutschen Wirtschaft' beleuchtet die Genderstereotypen von Führungskräften. In ihrer Studie wird im europäischen Vergleich deutlich, wie stark das deutsche Führungsideal von einem patriarchischen Weltbild geprägt ist. Dr. Kriesche-Küderli plädiert für mehr Diversität im Top-Management und setzt sich dafür ein, diskriminierende Genderstereotypen zu brechen, ohne gleichzeitig auf die Vorteile der Unterscheide zwischen Männern und Frauen zu verweisen.

Kontakt:
E-Mail: rk@branddata.at
Website: www.branddata.at
LinkedIn: https://bit.ly/3eEmLUZ

Liebe Rosa, wir sind gespannt auf deinen Werdegang, vor allem, was dich mit Führung und Technologie verbindet.

Bereits im Studium habe ich mich sehr dafür interessiert, wie Technologie das Marketing vorantreiben kann. In den frühen 00er Jahren war digitales Marketing noch ein Experimentierfeld. Ich habe meine Masterarbeit zum Thema interaktive TV-Werbung geschrieben und später in meinem Job als Digital Mediaplanner die erste interaktive TV-Werbung im deutschsprachigen Raum gelauncht. Das war aufregend, zumal ich damals Peugeot und den ORF für die Idee gewinnen konnte; ohne deren Begeisterung für Technologie hätte das Projekt nicht so schnell umgesetzt werden können. Die anfängliche Euphorie verebbte, als wir im ersten Flight nur sehr wenige Testfahrten generieren konnten. Das hat mich aber nicht entmutigt, immer wieder Neues auszuprobieren. Dabei spielt es für mich keine Rolle, ob wir mit einer interessanten Technologie einen Marketingcase bauen oder ob wir ein konkretes Problem mit Technologie auf neuartige Weise lösen. Ein wunderbares Beispiel ist die Serviceplan Braille-Smartwatch für Sehbehinderte, die wir mit dem südkoreanischen Unternehmen Dot entwickelten. Sie kombiniert die Blindenschrift mit den Funktionen einer Smartwatch, so dass Blinde Navigation, News, Wetter, Uhrzeit oder Nachrichten on the go nutzen können. Hier wurde also ein globales Problem mit Technologie gelöst.

Heute habe ich mich von der rein technischen Umsetzung gelöst und bin schon froh, wenn wir in Innovationen denken können. Innovation verstehe ich als Erweiterung von Technologie, sie kann auch technologiefrei in Prozessen, Organisationen und auch zum Beispiel in Führung stattfinden. Ich begreife mich heute daher als Marketing Consultant für Innovation. Es gilt, die Menschen dafür zu begeistern und in eine ‚Wir schaffen das' Stimmung zu versetzen. Denn Innovation ist immer neu, andersartig und anstrengend. Sie erfordert neben Neugierde und Nervenkitzel ebenso einen ernsthaften, intrinsischen Glauben an die positiven Effekte der Veränderung, um den Weg zu Ende zu gehen.

Was macht gute Führung aus?

Die Antwort auf diese Frage ist nicht eindeutig. Die Führungsliteratur ist umfassend und divers, zumal Führung nicht isoliert betrachtet werden kann, sondern immer nur kontextuell. Wer oder was wird geführt? Es macht einen Unterscheid, ob ich eine Kita, einen Konzern, eine Sekte oder einen Staat führe. Darüber hinaus spielen das Zeitalter sowie soziologische und kulturelle Gegebenheiten eine entscheidende Rolle. Das Geschlecht macht einen Unterschied, denn unabhängig von individuellen Fähigkeiten existieren unterschiedliche Erwartungshaltungen gegenüber weiblichen und männlichen Führungspersonen. **Ich erachte diejenigen als gute Führungspersonen, die ihre ehrliche Begeisterung für ein Thema auf andere übertragen können**, so dass Mitarbeiter durch die Ermutigung eine innere Motivation für eine größere Sache entwickeln. Gute Führungskräfte können jedem Einzelnen das Gefühl geben, dass sie oder er einen Unterschied macht und an einer gemeinsamen Vision arbeitet, die größer ist als man selbst. Diese gemeinsame Vision – oder der populäre Begriff ‚Purpose' – kann nur von einer Führungsperson vermittelt werden, die selbst wahrhaftig daran glaubt und einen höheren Zweck in ihr sieht als die ökonomischen Rahmenbedingungen, unter denen sie stattfindet. **‚Why are we here?' ist doch die grundlegende Frage der Menschheit, auch im Arbeitsumfeld**. Warum tun wir etwas und was treibt uns an? Wer das nicht mit Begeisterung vermitteln kann, hat aus meiner Sicht auf der Führungsebene nichts verloren.

Welche eine Sache hättest du gerne gewusst, ehe du Führungskraft wurdest?

Ich hätte gerne früher vom ‚unconscious bias' gewusst. Vieles von dem, was ich in einer patriarchisch geführten Organisation erlebt und gesehen habe, ließe sich darauf zurückführen. Die Stereotypisierung des Führungsideals führt zu eigentümlichen, aber wie selbstverständlich von Männern und Frauen akzeptierten Hierarchien und Strukturen, die eindeutig Männer bevorteilen. **Männer in Führungspositionen sind die Normalität**, Frauen hingegen – und das hat sich seit Simone de Beauvoir nicht geändert – sind das ‚Andere', das ‚Ab'-Normale. Das alleine stellt schon eine Herausforderung für Frauen dar, da sie versuchen das ‚Ab' des Normalen abzuschütteln und sich damit immer mehr von sich selbst und ihren Werten und Normen entfernen. In dieser Zerreißprobe wird Führung zum Stresstest und geht meist einher mit dem Verlust von Authentizität und Belastbarkeit. Ein weiteres Phänomen patriarchischer Organisationen ist, dass Männern nicht nur automatisch mehr Macht zugesprochen wird, sondern dass sie diese auch missbrauchen. Gerade in Branchen, in denen die objektive und sachliche Bewertung eines Produkts nur schwer möglich ist, wie zum Beispiel in den Creative Industries oder der Werbeindustrie, sind die Machtgefälle zwischen Männern und Frauen offensichtlicher und werden mitunter durch sexuelle Dominanz und Unterdrückung manifestiert.

Welche Eigenschaften hat die Führungskraft der Zukunft?

Angesichts der fundamentalen Krisen, die auf uns hereinbrechen, sehe ich einen dringenden Bedarf, Frauen an die Schalthebel zu setzen. In der alles erschütternden Bedrohung durch Covid sehen wir am Beispiel Merkel, wie eine menschlich und sachlich eindringliche Kommunikation Handlungsanweisung und Hoffnung zugleich sein kann. Natürlich zieht eine (Zitat: die Zeit, Nr. 17/2020, S. 2) ‚testosterongesättigte', autokratische Politik à la Söder und Kurz ein kurzfristiges Urvertrauen in die Handlungsfähigkeit der Institutionen nach sich. Allerdings kommen schnell Fragen zur Freiheit und Autonomie des Volkes auf und zum willkürlichen Walten einer Führungsfigur, die das Aufrechterhalten des Fußballbetriebes als wichtiger erachtet als die Kinderbetreuung und unter dem Label ‚Rückkehr in die Normalität' vermarktet. Es kann sich dabei nur um eine patriarchische Normalität handeln, in der Vater Fußball guckt, während Frau die Kinder hütet. In diese Normalität können und dürfen wir nicht mehr zurück. Sie würde uns geradewegs in eine klimatische Apokalypse führen.

Denn meines Erachtens entspringt das auf Wachstum und rücksichtslose Ausbeutung der Ressourcen beruhende Weltwirtschaften den Theorien und Unternehmungen westlicher Männer und hat ausschließlich zu deren Wohlstand (und der ihrer abhängigen Angehörigen) geführt. Themen für das Allgemeinwohl wie Pflege, Gesundheit und Klima blieben dabei auf der Strecke. Und ausgerechnet in diesen Bereichen setzen sich Frauen verstärkt ein, trotz unwürdiger Bezahlung und dem ewigen Spott ob ihrer weltverbesserischen Naivität. Aus meiner Sicht muss die Führungskraft von morgen bei jeder Entscheidung die Auswirkungen für Klima und Gesundheit nicht nur im Auge behalten, sondern mit der Macht, mit der sie ausgestattet wurde und daher nur verwaltet, positiv beeinflussen. Diesen umsichtigen und uneigennützigen Blick auf die Welt haben Frauen historisch stärker und umfassender unter Beweis gestellt als Männer. Auch jetzt und gerade in der Krise.

Du hast dich im Rahmen einer wissenschaftlichen Arbeit damit beschäftigt, wie ‚Genderstereotypisierung den Führungsanspruch von Frauen untergräbt'. Ein anspruchsvoller Titel, was war deine Motivation?

Ich habe mich immer dafür interessiert, wie man richtig führt. Das Führungsverhalten meiner bisherigen Vorgesetzten erschien mir affektiv, spontan, ohne größeres strategisches Kalkül und befreit von Erkenntnissen aus Wissenschaft und angewandter Praxis. Das hat mich dazu bewogen, den ‚Executive MBA of Creative Leadership' in Berlin zu besuchen, um das theoretische Fundament erfolgreicher Führung zu erfahren. Insbesondere hat es mich interessiert, auf was man als Frau achten muss. Denn eines war mir in meiner beruflichen Laufbahn klar geworden: **Für Frauen gelten andere Spielregeln**. Diese werden gerade dann spürbar, wenn es um den Eintritt in die

Führungsetage geht. Dabei habe ich erlebt, wie Frauen das Handtuch warfen, abgelöscht von der gläsernen Decke, noch bevor sie in die Elternzeit gingen, um nie mehr zurückzukommen. Ich habe beobachtet, wie diejenigen, die zurückkamen, so lange mit Praktikantenjobs gedemütigt wurden, bis man ihnen vorwerfen konnte, dass durch Kinder die Arbeitsmoral leidet. Ich habe gesehen, wie einsam und defensiv die Frauen wurden, die unter diesen widrigen Umständen die Top Etage erreicht haben, und wie viele männliche Kollegen diese Frauen mit Verachtung selbstmitleidig duldeten. Warum das alles so ist, konnte ich mir nicht erklären. Und ich war verunsichert, denn es schien, als würde das keiner außer mir so wahrnehmen. Irgendwie begann ich selbst daran zu glauben, dass Frauen möglicherweise weniger gut führen als Männer.

Zu meiner Enttäuschung gab es im MBA abseits der sonst hervorragenden Inhalte keine frauenspezifischen Einheiten, keine Frauen im Lehrstuhl und keine von Frauen verfasste Führungsliteratur. Es schien, als ob Frauen in den Zuhörerreihen nicht existierten, als gäbe es in der Führung keinen Unterschied und als würden für alle die gleichen Regeln gelten. Also machte ich mich für meine Masterarbeit selbst auf die Suche danach, warum Frauen in Führungsposten weltweit unterrepräsentiert sind. Daraus entstanden die Arbeit ‚Das Patriarchat der Deutschen Wirtschaft' und die internationale Analyse ‚The Patriarchy of Leadership'.

Freunde und Kollegen haben mir von dem Thema abgeraten. Es ist kontrovers und im Grunde gibt es bei Genderthemen nichts zu gewinnen. Diejenigen, die am Bestehenden festhalten, macht man sich zum Feind und man erzielt kaum positive Effekte, da das Thema bereits lange auf dem Tisch, ungelöst, kompliziert und schlecht finanziert ist. Die öffentliche Wahrnehmung der Genderthematik hat Analogien zum Klimaschutz, das Thema ist nur emotionaler und hysterischer. **Wer sich mit Diversity, Gleichstellung oder gar Diskriminierung beschäftigt, gilt als unbequem, problematisch und frustriert**. Mit diesem Stigma vernünftige und faktenbasierte Diskussionsgrundlagen zu schaffen, ist beinahe unmöglich. Auch mein Arbeitgeber zeigte wenig Begeisterung für das Thema und signalisierte mir, dass keine Unterstützung zu erwarten wäre, weil aus deren Sicht eine Frauenquote unter 20% in der Führung kein Problem darstellte. Man fände das Thema zwar wichtig, aber ohne Mehrwert für die Außenwirkung beziehungsweise sogar schädlich.

Rückblickend bin ich froh, mich trotz dieses entmutigenden Feedbacks intensiv mit Frauen in der Führung beschäftigt zu haben. So viele Fragen, die im Laufe meiner Karriere aufgeworfen wurden, konnten bereits mit der

Literaturrecherche beantwortet werden. Die Komplexität und die Nicht-Linearität des Problemfelds wurden mir bewusst. Dadurch verstehe ich besser, warum Männer und Frauen Schwierigkeiten haben, sich eine fundierte Meinung zu bilden, um zum Thema Diversity lösungsorientiert zu diskutieren und zu verhandeln.

Was waren die wesentlichen Erkenntnisse und Ergebnisse deiner Studie?

Im Ländervergleich hat sich bestätigt, dass mehr Frauen in der Führung auch weniger Genderstereotypisierung und Vorurteile bedeutet. In Frankreich, dem Land mit den meisten Frauen in Führungspositionen, wird Führung mit beiden Geschlechtern assoziiert und Führungseigenschaften wie Risikobereitschaft oder Empathie werden beiden Geschlechtern fast im gleichen Maße zugeschrieben. Über alle Länder hinweg sind es aber vor allem die Männer, die sich besser bewerten und Führung als Männersache beschreiben.

Mich hat in erster Linie interessiert, wie es um Deutschland steht. Glücklicherweise ist Deutschland im EU Gender Equality Index (ein Indikator für den Frauenanteil in Führungspositionen) in der Mitte angesiedelt. Dadurch konnte ich Deutschland gut mit dem Erstplatzierten Frankreich und dem letztplatzierten Ungarn vergleichen. Man muss sich schon grundsätzlich fragen, wie es dazu kommt, dass ein so liberales, demokratisches und wirtschaftlich erfolgreiches Land wie Deutschland im EU Ranking so mittelmäßig abschneidet. Eine Erklärung aus meiner Studie, die mich letztlich doch überrascht hat, war, dass Deutschland in Bezug auf Führungseigenschaften noch stark in den Rollenbildern ‚Mann=Macht, Frau=Umsorger' denkt und damit näher an Ungarn liegt als an Frankreich. Für mich ist das der Beweis dafür, dass die Genderstereotypisierung in Deutschland präsenter ist, als uns lieb ist. Denn eines ist auch gewiss: Mehr Frauen in der Führung fänden in Deutschland alle irgendwie toll und schick. Ob das aktuelle Wirtschaftspatriarchat den Frauen Führung zutraut und Platz machen würde, steht auf einem anderen Blatt. Einsicht in dieses Blatt bekommen Frauen wenig überraschend nicht. Keine Studie wird die schwelende und teilweise unterbewusste Misogynie ans Licht bringen können.

Was muss sich von Seiten der Unternehmen und der Politik ändern, damit Frauen gleichberechtigt am Wirtschaftsleben teilhaben?

Ich habe meinen Report mit vier Empfehlungen abgeschlossen. **Erstens brauchen wir Quoten.** Sie sind nachweislich die einzige Maßnahme, die die Dinge ins Rollen bringen. Dabei ist es wichtig zu verstehen, dass sie nur als

Initialzündung dienen, um weitere Maßnahmen zu etablieren, damit es in Zukunft keine gesetzlichen Quoten mehr braucht. **Zweitens braucht es auf Unternehmensseite eine kritische Auseinandersetzung mit der eigenen Kultur**, dem Verhalten in Bezug auf Frauen und den vorherrschenden Genderstereotypen. Eine verpflichtende Berichterstattung über die Maßnahmen zur Förderung von Frauen in der Führung, die nicht nur den Behörden, sondern auch den Mitarbeiterinnen und Mitarbeitern vorgelegt wird, schafft diese nötige Reflexion. **Drittens erwarte ich mir mehr Mut und Ernsthaftigkeit von Männern und Frauen in der Führung von heute**, das heikle wie emotionale Thema sachlich, aber bestimmt in Angriff zu nehmen und sich für Frauen einzusetzen, um ihnen Chancen zu ermöglichen. Damit meine ich nicht Scheinveranstaltungen wie Mentor-Programme, Female Talks und Events oder Pseudo-Mitgliedschaften, die letztlich noch ihren Teil zur Ausbeutung von Frauen beitragen. Ich meine damit schlicht Beförderungen, gleichwertige Bezahlung, und gezielte Vergrößerung des Machtspektrums weiblicher Mitarbeiter. **Viertens müssen wir uns als Gesellschaft die Frage stellen, ob es immer die Frauen sein müssen, die die Primärverantwortung für Kinder tragen**. Nachweislich ist die Erziehungsverantwortung die größte Karrierebremse für Frauen und wirft sie machtpolitisch und gehaltstechnisch meilenweit zurück. Eine stärkere Incentivierung von Männern für die Kinderbetreuung ist eine vielversprechende Maßnahme, die auch ausgleichend zu den Förderungen von Frauen am Arbeitsplatz wirkt.

Deine besten Tipps: Was können Frauen selbst in die Hand nehmen, um erfolgreich Karriere zu machen?

‚**Choose your boss and your husband wisely**' sagte Silvie Nicole, Personalvorständin der Henkel Gruppe, auf einem Vortrag im vergangenen Jahr. Das war einer der wichtigsten und wahrsten Sätze, die ich je gehört hatte. Dahinter steckt sehr viel mehr, als es zunächst den Anschein hat: Erstens gibt es Branchen, in denen Frauen es schwerer haben, Karriere zu machen. Das betrifft zum Beispiel die Finanzindustrie oder, wie in meinem Fall, die Werbebranche. Es gibt Listen und Reports zu den besseren und schlechteren Unternehmen, die sich Frauen noch vor dem Studium ansehen sollten. Zweitens sollten Frauen keine Hemmungen davor haben, ein Unternehmen zu verlassen, wenn sie das Gefühl haben, als Frau nicht wertgeschätzt und respektiert zu werden. Es gibt ausreichend Unternehmen, in denen das nicht so ist. Selbst wenn das heißt, dafür ins Ausland gehen zu müssen. Drittens sollte man sich frühzeitig über Familienplanung Gedanken machen und welche Rolle man selbst einnehmen möchte. **Karrierefrauen sind keine ‚Stay-at-**

home-Moms', so viel ist sicher. Wer die klassische Karriere sucht, braucht einen Mann, der die primäre Erziehungsverantwortung für die Kinder trägt.

Die besten Chancen hat eine Mutter, die das frühzeitig mit ihrem Mann bespricht und reale Karriereperspektiven nach der Geburt vorweisen kann. Letztlich ist es eine Verhandlung, bei der es um viel geht. Ich habe am eigenen Leib erfahren, dass es schwer ist, aus einer Schwangerschaft heraus die nächsten Karriereschritte zu initiieren. Zusätzlich verunsichern die ungläubigen bis hämischen Kommentare von Familie und Freundinnen mit Kindern, wenn sie von deinen Karriereplänen erfahren. Wird allerdings der Mann während der Schwangerschaft befördert, finden das alle toll. Keiner wird ihn fragen, wo da noch die Zeit für Wickeln und Putzen bleibt. Viertens kann ein Mann aber auch ein guter Coach und Mentor sein und ungefiltert Einblicke in die Machtstrukturen patriarchischer Organisationen geben. Darüber hinaus kann er über die Wahrnehmung von Männern gegenüber Frauen in der Arbeit berichten, was in der Diskussion mit anderen Männern hilft, ihre Situation und Beweggründe besser zu verstehen und darauf einzugehen.

Herzlichen Dank für diese spannenden und persönlichen Einblicke!

- - - - - - - - - - - - -

Freundlicherweise haben wir von Rosa Kriesche-Küderli die Erlaubnis erhalten, einige Auszüge aus ihrer wissenschaftlichen Arbeit zum ‚Patriarchat der deutschen Wirtschaft' einzubinden. Sicherlich steht sie den Lesern bei tiefergehenden Fragen zur Verfügung.

„**Unternehmensführung ist Männersache**: Deutschland führt großteils von jeher ohne Frauen. Zwar macht die Besetzung von Aufsichtsratspositionen dank der Quote Fort- schritte, allerdings gibt es kaum nennenswerte Veränderungen, was die Verteilung der Posten von Vorstandspositionen betrifft. Der Frauenanteil an allen Vorstandsmitgliedern der 200 umsatzstärksten Unternehmen in Deutschland betrug 9% und lag damit 2019 nur um knapp einen Prozentpunkt höher als im Jahr zuvor (DIW Wochenbericht 3/2019). Die Europäische Kommission veröffentlicht Statistiken zur Gleichstellung von Frauen und Männern in Spitzenpositionen in Politik und Wirtschaft europäischer Länder. Der EU Gender Equality Index lässt Deutschland dabei in seiner letzten Messung in keinem guten Licht erstrahlen, was die Geschlechterverteilung in wirtschaftlich einflussreichen Positionen betrifft. Gerade mal einen Index von 42 erreichte Deutschland und liegt damit nur knapp über dem EU-Durchschnitt von 39,5. Ein langer Weg also bis von einer ausgewogenen Führungsebene (Index 100) gesprochen werden könnte (Gender Equality Index 2017)."

„**Frauen führen effektiver**: An der mangelnden Qualifikation kann es nicht liegen. Es gibt ausreichend empirische Evidenz, dass Frauen mindestens gleich gut führen wie Männer. (...) Erstaunlicherweise bewerten gerade männliche Mitarbeiter ihre weiblichen Führungskräfte besser. Weibliche Führungskräfte konnten darüber hinaus auch in traditionell männlichen Bastionen wie IT und Recht besser abschneiden. Mittlerweile ist auch der positive Zusammenhang zwischen wirtschaftlichem Erfolg und der Anzahl an Frauen in Führungspositionen belegt."

„**Karrierestopper Genderstereotypisierung**: (...) Der Eurobarometer zur Erfassung von Genderstereotypen der Europäischen Kommission kommt zu dem Ergebnis, dass in Europa nach wie vor eine gravierende Stereotypisierung vorherrscht, die Männer in ‚Power'-Rollen und Frauen in ‚Support'-Rollen drängt. So glauben noch immer 44% der Befragten, dass Frauen sich primär um Kinder und Haushalt zu kümmern haben und Männer um das Geld."

„Lass dich nicht unterkriegen; sei frech, wild und wunderbar!"

Astrid Lindgren

Frauenanteile in Vorständen	01/2019
DAX	14,1 %
MDAX	9,1 %
SDAX	5,4 %
Insgesamt	9,2 %

Anteil Frauen im Vorstand der 160 im DAX, MDAX, SDAX und der 25 voll mitbestimmten im Regulierten Markt notierten Unternehmen. Nach: FidAR – Frauen in die Aufsichtsräte e.V. (2019): Studie zum Women-on-Board-Index 185, S. 30 (Auszug)

Unsere Podcast-Empfehlungen

Inspiration gesucht? Wissen to go: hier eine Liste spannender Podcasts:

Mindset

Arbeitsphilosophen / Frank Eilers
Awesome People Podcast / Robert Gladitz
Bewohnerfrei / Tobias Beck
Die Kunst, dein Ding zu machen / Christian Bischoff
Wer will der kann / Calvin Hollywood
Happy, holy, confident / Laura Malina Seiler
How to Hack / Businesspunk

Frauen

100 Frauen – der Podcast über modernen Feminismus / Miriam Steckl
Starke Frauen – Cathrin Jacob & Kim Seidler
Selbstvertrauen für Frauen / Julia Wilhelm
The Female Empowerment – Erfolgsgeschichten von Frauen
Woman`s Hour / BBC Radio 4
Am Puls / Business Kollektiv
Female Leadership / Vera Marie Strauch
Women in Tech / Espree Devora
Plan W / Süddeutsche Zeitung

Technologie

TED Talks Technologie / TED
The Future of Everything (und weitere) / Standford Radio
CIO Podcast / Petra Koch
How to fix it / Business Punk
Google Cloud Platform Podcast (und weitere) / Google
Modern Workplace (und weitere) / Microsoft
ThinkLeaders (und weitere) / IBM

„Eine der Lektionen, die ich in den verschiedenen Phasen meiner Karriere gelernt habe, ist, dass Wissenschaft nicht alleine gemacht wird. Fortschritte werden erst durch Gespräche und den Austausch mit anderen erzielt."

Carol W. Greider (Molekularbiologin)

---

24. Perfektionismus ist nicht das oberste Ziel: Margarete Niebling, Department Head Software Projects @ Seidenader Maschinenbau

Margarete Niebling, Department Head Software-Projects, Seidenader Maschinenbau GmbH

Über mich: Seit acht Jahren bin ich Abteilungsleiterin für Software-Projekte bei Seidenader Maschinenbau GmbH, davon war ich zwei Jahre in Elternzeit. Hierbei liebe ich besonders die enge Zusammenarbeit mit den Menschen und die konstant neuen Herausforderungen. Neue Kundenanforderungen und neue Technologien machen die Arbeit spannend und abwechslungsreich. Meine vorangegangene sechsjährige Erfahrung in der Software-Entwicklung und mein Studium der Informationstechnik kann ich hier gut einbringen. Abwechslung im Alltag ist mir genauso wichtig wie Zuverlässigkeit und ein harmonisches Umfeld. Als Ausgleich zum Arbeitsalltag genieße ich die Zeit mit Familie und Freunden, gehe Joggen und mache Yoga.

Kontakt:
LinkedIn: https://bit.ly/2XjKYtK
Xing: https://bit.ly/2TYq3KI

Liebe Margarete, wie kamst du zu deiner heutigen Position?

Früher hatte ich keine konkrete Vorstellung von meinem späteren Beruf. In der Schule hatte ich Mathe und Physik als Leistungsfächer, das hat mir sehr gut gefallen. Die große Frage war nur, was ich danach studieren wollte. Meine Eltern sind beide selbstständig und kommen aus dem Einzelhandel. Sie haben mir die freie Wahl gelassen, in welchen Bereich ich gehen möchte. Einer meiner älteren Brüder hat im Robotik-Bereich gearbeitet und möglicherweise habe ich dadurch meine Liebe zur Mathematik entdeckt. Was ich mir damals aber nicht vorstellen konnte, war ein klassisches Studium mit großen Hörsälen und mehreren hundert Studenten. Daher fiel die Entscheidung dann kurzum auf Informationstechnik an einer Berufsakademie in Baden-Württemberg. Während des Studiums habe ich beim Forschungszentrum in Karlsruhe gearbeitet, Praxiskenntnisse erlangt und Projekte in der Forschung betreut. Mit 21 Jahren hatte ich mein Diplom in der Tasche, bin erstmal ins Ausland und habe im IT-Bereich gearbeitet. Zu dem Zeitpunkt konnte ich mir noch nicht vorstellen, in eine langjährige Festanstellung zu gehen.

Als ich zurückkam, bin ich in die Softwareentwicklung im Sondermaschinenbau eingestiegen. Hauptsächlich im Bereich Bildverarbeitungssysteme und Human-Machine-Interface-Systeme. Dabei habe ich verschiedene Anwendungsfälle und Programmiersprachen kennengelernt. Seit 2012 bin ich bei Seidenader als Abteilungsleiterin für Software Projekte angestellt. Angefangen habe ich dort als Projektkoordinatorin für Software-Projekte. Ich hatte schneller als geplant die Möglichkeit aufzusteigen, erst als Teamleiterin, dann als Abteilungsleiterin. Das Koordinieren und gemeinsame Arbeiten mit Entwicklern zeichnet die Arbeit für mich aus. Hier kann ich spannende Entwicklungsthemen auf konkrete Kundenwünsche anwenden und umsetzen. Die Abteilung ist in den letzten Jahren auf mittlerweile drei Teams und 30 Mitarbeiter herangewachsen. Die Kombination aus der Nähe zu den Teammitgliedern und der Zusammenarbeit mit den jeweiligen Teamleitern macht mir sehr viel Spaß.

Du warst eine von vier Frauen im Studiengang, wie hast du das wahrgenommen?

Es war mir damals durchaus bewusst, dass sich für meinen Studiengang nicht viele Frauen interessierten. Mittlerweile gibt es zwar mehr Frauen in technischen Studiengängen, im Allgemeinen haben Frauen in geringerem Maße Interesse an Naturwissenschaften. **Meiner Meinung nach fängt dieses Manko in der Schule an**. Naturwissenschaftliche Fächer und Informatik sollten spannender und praxisnaher vermittelt werden, damit in jungen Jahren ein Interesse geweckt wird. Das Ganze muss einen eher praktischen Charakter aufweisen, mit projektorientierten Gruppenarbeiten zum Beispiel. Auch im Studium habe ich gemerkt, wie interessant der Unterricht von den Dozenten war, die selbst in diesem Bereich arbeiteten und Anwendungsfälle gut beschreiben konnten. Das gemeinsame Lernen in Workshops ist eine gute Vorbereitung auf das spätere Arbeitsleben. Denn das Bild, was viele noch im Kopf haben, dass der Informatiker still und allein in seinem Kämmerchen sitzt, ist längst veraltet. Als Softwareentwickler arbeiten zwar viele für sich, müssen sich aber dennoch mit dem Team abstimmen und austauschen, egal ob im Büro oder virtuell. Wenn diese Maßnahmen schon in der Schule gefördert werden, haben wir eine Chance, dass sich mehr junge Frauen für Informatik oder Naturwissenschaften interessieren.

Wie koordinierst du Familie und Arbeit?

Das Ganze unter einen Hut zu bekommen, ist nicht leicht. Mein Mann, meine Eltern und Schwiegereltern unterstützen, wo sie können, das hilft sehr. Und gewiss muss der Arbeitgeber das unterstützen und ermöglichen. **Ohne Toleranz und Vertrauen würde das nicht funktionieren**. Beim ersten Kind weiß man ohnehin nicht, wie es laufen wird. Das Jahr Elternzeit habe ich genossen und mich nach etwa der Hälfte konkret mit dem ‚Danach' auseinandergesetzt. Mein Mann kümmert sich gleichermaßen um die Kinder. Das gibt mir die Freiheit, auf Dienstreise zu gehen oder Abendtermine wahrzunehmen. In den ersten Monaten hat es dennoch sehr viel Planung und Geduld gebraucht. Ich hatte das große Glück, dass meine Kinder nicht oft krank waren, das hätte jedoch auch anders kommen können.

Es ist sicher empfehlenswert, sich nicht zu viel vorzunehmen, mit der Zeit an der Herausforderung zu wachsen und sich ein wenig Zeit zu lassen, ob das Ganze funktioniert. Das ist nicht immer leicht. Als Frau versucht man, gern alles richtig und für alle Beteiligten zufriedenstellend zu machen. Man muss für sich herausfinden, wie die Gesamtsituation aussieht und dann flexibel auf etwaige Situationen reagieren. Für mich selbst habe ich herausgefunden, dass ich mit dem Kopf bei einer Sache sein muss. **Es bringt nichts, nur halb bei den Kindern zu sein oder nur halb auf der Arbeit**. Das Wichtigste für mich ist es, dass man die Sachen, die man tut, gern tut. Sonst lohnt sich der Stress auf Dauer nicht. Das ist leicht gesagt, aber doch sehr wahr. Das ist mein Ausgleich: Mit den Kollegen zusammen zu sitzen, Probleme zu lösen und dabei gemeinsam zu lachen. Was ich auf jeden Fall empfehlen kann, ist, auf sich selbst zu achten.

In vielen Firmen ist heute Teilzeit ein wichtiges Thema. In meiner Abteilung arbeiten einige männliche Kollegen in Teilzeit. Ich unterstütze das, weil es dafür gute Gründe wie zum Beispiel eine Familienbetreuung gibt und die Mitarbeiter einen sehr guten Job machen. **Work-Life-Balance ist ein sehr wichtiger Bestandteil der heutigen Arbeitswelt und sollte von Firmen**

ernst genommen werden. Es gibt verschiedene Arbeitszeitmodelle, zwischen denen man variieren und die man ausprobieren kann. Home-Office ist ein Trend, der in naher Zukunft mehr und mehr kommen wird. Ich habe einen sehr guten Stellvertreter, auf den ich mich zu jeder Zeit und in jeder Situation verlassen kann. Wir sprechen uns ab und somit ist es nicht so schlimm, wenn ich zeitweise nicht bei der Arbeit bin. Das hilft mir, mich im Urlaub zu entspannen oder im Krankheitsfall meines Kindes zu Hause zu bleiben.

Welchen Tipp kannst du Frauen mitgeben, die als Quereinsteiger in die IT möchten?

Das Wichtigste ist eine fachliche Basis, auf der man aufbauen kann. Egal ob das eine Ausbildung, ein Studium oder Onlinekurse sind. Idealerweise hat man bereits praktische Erfahrungen gesammelt, weil man dann schneller in die Materie eintauchen kann und sich besser mit den Kollegen versteht. Ich hatte stets das Gefühl, dass mich die Mitarbeiter aufgrund meines Backgrounds als Softwareentwicklerin mehr geschätzt und respektiert haben, weil ich mich besser in Problemstellungen hineinversetzen kann. Als Quereinsteiger muss dies hart erkämpft werden. Wer jedoch am Ball bleibt, der hat aktuell in der Softwareentwicklung ungemein viele Chancen.

Herausforderungen anzunehmen heißt nicht, alles perfekt zu können. Es geht darum, sich selbst ständig und gern weiterzuentwickeln und zuzugeben, dass man etwas nicht weiß. Zuzuhören und dann zu handeln und Lösungen mit den Kollegen oder Kunden zu erarbeiten. Und besonders wichtig: Erst das Problem verstehen, um sich dann eine Lösung zu überlegen. Man sollte sich nicht vor neuen Herausforderungen scheuen. Im Zweifel probiert man es aus und merkt, es ist nicht das, was man sich vorgestellt hat. Andernfalls ist da permanent das Gefühl, es nicht versucht zu haben.

Ich danke dir für den interessanten Austausch!

„Mathematik ist wie das Lösen von Rätseln. In der Physik geht es auch um das Lösen von Rätseln, aber von Rätseln, die von der Natur geschaffen werden, nicht von den Gedanken des Menschen."

Maria Goeppert-Mayer (Physikerin)

25. Im Networking Mehrwert bieten (Expertenbeitrag): Claudia Freimuth, Mutmacherin für authentischen Vertrieb

Claudia Freimuth, Mutmacherin für authentischen Vertrieb, freimuth teamentwicklung & prozessoptimierung

Über mich: Ich liebe es, Mut zu machen und sehr gerne für authentischen Vertrieb. Es geht einfacher, als man denkt! Verkaufen wird als etwas Komplexes dargestellt. Dabei geht es nur darum, herauszufinden, ob man sich gegenseitig einen Mehrwert bieten kann. That`s it! Meine andere Leidenschaft ist Netzwerken. Neugierig für andere Menschen zu sein ist die Grundvoraussetzung. Es ist unwahrscheinlich interessant zu erfahren, welche unterschiedlichen Wege die Menschen eingeschlagen haben und welche Absichten ihr Handeln bestimmt. Seid mutig, es ist erlaubt zu fragen! Wenn ich zu Beginn meines Lebens das jetzige Bewusstsein gehabt hätte, hätte ich mir empfohlen: 1. Folge als erstes deinem Herzen und mache dir klar, wofür du stehst. 2. Wofür möchtest du dich in dieser Welt einsetzen? 3. Finde verschiedene Menschengruppen, die dich auffangen, fordern und fördern. 4. Fordere dich heraus und suche dir regelmäßig neue Impulse! 5. Sei einfühlsam, geduldig und freundlich mit dir! Die Welt ist so wunderbar bunt, voller Möglichkeiten und wie ein Buffet. Suche dir die schönsten Früchte heraus!

Kontakt:
Website: www.claudiafreimuth.de
LinkedIn: https://bit.ly/2XncypW
Xing: https://bit.ly/2ArvdrW

Liebe Claudia, wie bist du zur Expertin rund um das Thema Vertrieb und Netzwerken geworden?

Ich selbst habe zeitlebens mit Verkauf und Vertrieb zu tun gehabt. Ich bin in einem Unternehmer-Haushalt groß geworden. Mein Vater war schon im Verkauf und Vertrieb tätig und mit Leidenschaft dabei, also mit Herz und Seele. Insofern ist mir das in die Wiege gelegt worden. Mein Werdegang begann mit einer Ausbildung zur Reiseverkehrskauffrau, ging dann weiter als Büroleitung, Regionalleitung, Geschäftsführung und Vorstandstätigkeit. Das hat mir einen sehr schönen ganzheitlichen Blick gegeben. Nach einem Jahr Auszeit in New York bin ich jetzt seit mehr als zehn Jahren selbstständig. Meine Mission ist: Mut machen für authentischen Vertrieb. Bei den Schauspielkursen, die ich in New York besuchte, habe ich gelernt, nicht nur mit dem Kopf, sondern auch mit dem Herzen authentisch bei der Sache zu sein. Weil wir dann in der vollen Stärke, wie es so schön heißt, die PS auf die Straße bringen. Und das ist mir eine Herzensangelegenheit geworden. Auch deshalb, weil wir uns häufig kleiner machen, als wir sind. Und dabei tragen wir unglaublich viele Potenziale und Stärken in uns. **Aber durch Erziehung und schulische Historie machen wir uns klein**. Parallel zu meinem Job als Trainer, Coach und Berater für Dienstleistungsunternehmen bin ich sehr gerne in der Welt unterwegs. In Projekten und in der Lehre, bei Events und auf privaten Reisen.

In den letzten fünf Jahren ist es zum Trend geworden, dass man Netzwerke braucht. Weshalb ausgerechnet jetzt?

Relevant waren Netzwerke seit jeher. Durch Social Media und das Internet ist Netzwerken weitaus leichter geworden. Und ich sehe große Chancen darin. Man erweitert seinen Horizont, kann Menschen verknüpfen und sich selbst positionieren. **Netzwerken ist für mich großartig, weil ich gerne Mehrwerte biete**. Durch die Selbstständigkeit habe ich meinen Fokus und das Augenmerk auf den Kunden und auf die Menschen. Das ist einer meiner Tipps: Schaut nicht nur auf euch, was es euch bringt. Sondern schaut in die Welt, was sie braucht. **Es geht darum, die Welt ein Stück weit besser zu machen und Leute zu unterstützen**. Meine Ernte ist, zu erleben, dass ich Menschen zusammengebracht habe, die gegenseitig einen Nutzen voneinander haben. Im Bereich Business unterstütze ich gerne Start-ups. Mein sofortiger Impuls ist stets: Was könnte sie weiterbringen, was könnte ihnen helfen? Und oftmals sind es in dieser Phase Kontakte, auch zu Investoren.

Am Anfang des Berufslebens ist das Netzwerk noch nicht sehr ausgeprägt. Wie baue ich mir ein Netzwerk auf, worauf muss ich achten?

Zunächst ist es sehr wichtig zu wissen, woran ich Spaß habe und welche Expertise ich gerne teile. Manchmal muss ich mir erst bewusst werden, welche Kompetenzen ich habe. Danach sollte ich mich fragen, was kann ich einbringen und wo kann ich mir Expertise aufbauen. Gleichgesinnte finde ich dann zum Beispiel auf Events, Meetups, 12min.me, Messen, Kongressen, Innovationstagen, in Clubs, unterschiedlichen Communities, Vereinen oder Verbänden. Die Bandbreite ist riesig, von Hobbies bis Business.

Im ersten Schritt ist zuhören besonders wichtig. Oftmals denkt man, man hat gar nicht viel zu bieten oder man ist gar nicht so interessant. Weil man das, was man selbst hat, für selbstverständlich nimmt. **Wenn ich interessiert bin, bin ich interessant**. Wir Menschen wollen miteinander sprechen und wir wollen uns mitteilen. Die Eselsbrücke kann sein, dass man wegkommt vom Business-Talk und den Menschen als Mensch sieht und nicht nur als potenziellen Business Partner. Die große Kunst ist, da zu sein, zuzuhören, interessiert und neugierig zu sein. Und dann zu schauen: Von wem fühle ich mich angezogen, welche Personen sind mir sympathisch? Sich dort in den Pausen an einen Tisch zu stellen und zu fragen: ‚Was hat Sie zu dem Event geführt? Wie fanden Sie den letzten Beitrag?' Umgekehrt rate ich von einem Monolog ab. Denn dann erfahre ich nichts von meinem Umfeld, meinem Gegenüber. **Und ich kann keinen Kontakt herstellen, wenn ich nur erzähle**.

Im besten Fall habe ich die Chance, mein Angebot mit dem zu verknüpfen, was mein Gegenüber braucht. Eventuell komme ich in ein tieferes Gespräch, da ich seine Herausforderungen und seine Situation kenne und einen Tipp geben kann. Da sind wir erneut beim Mehrwerte schaffen und mitdenken, Verantwortung für die Situation zu übernehmen und sich so in mein Gegenüber hineinzuversetzen, dass er aus einem Gespräch etwas mitnehmen kann.

Gibt es Unterschiede im online und offline Netzwerken?

Natürlich gibt es da Unterschiede. Offline ist es wichtig, dass ich mich nicht klein mache in meiner Körperhaltung, sondern eine Position finde, die ein interessiertes Selbstbewusstsein ausstrahlt. Ohne egozentrisch zu wirken. Wir lassen uns davon stark beeinflussen, deswegen ist es sehr wichtig, offline Präsenz zu zeigen. Online hingegen ist es ein wenig leichter, weil der Fokus konzentrierter ist. Andererseits benötigt es online mehrere Anläufe, um eine emotionale Verbindung herzustellen. Und die Online-Verbindung kann schneller abbrechen.

Haben Frauen-Netzwerke Vorteile?

Mir fällt auf, dass man im Frauen-Netzwerk eine größere Sensibilität füreinander hat. Das ist eine feinere Kommunikation, es hat einen anderen Mehrwert und unter Gleichgesinnten kann eine tiefere Beziehung entstehen. **Aus spezifischen Communities mit Gleichgesinnten geht eine stärkende Kraft hervor**, die in neuen Themenbereichen weiterbringt. Das gilt auch für Gemeinschaften, bei denen man sich in ein Thema neu einarbeiten darf. Das war für mich der ‚Citizen Circle'. Hier konnte ich Fachgespräche über das Online-Business führen und nach und nach wurden die Inhalte selbstverständlicher. Die gemeinsame Ausgangsposition in der Community gibt automatisch mehr Selbstvertrauen. Damit habe ich mich dann aus meiner Komfortzone begeben, was schnelles Lernen fördert. Die Grundvoraussetzung für Entfaltung ist, dass man sich wohlfühlt und die Kommunikation angenehm ist.

Wenn ich diese Gleichgesinnten gefunden habe, muss ich mich dann nach wie vor selbst vermarkten?

Wir haben weiterhin ein sehr überholtes Bild vom Verkaufen, es hat so etwas Forderndes und Reißerisches. Darum geht es gar nicht. **Ich sehe Verkauf aus der Sicht der Fürsorge**. Ich habe den Anspruch, vor allem als Mutmacherin für authentischen Vertrieb, langfristige Geschäftsbeziehungen aufzubauen. Ehrlich zu schauen, ob ich mit dem Kunden zusammenpasse. Und wenn wir einen gegenseitigen Mehrwert füreinander gefunden haben, dann sollte der Kunde das unbedingt wissen, damit er sich freut und wir voneinander profitieren können. Dazu muss man sich zum Experten der Kundenbedürfnisse machen. Das heißt, ich muss erfragen: Was braucht mein Kunde, was will er, was sind seine Wünsche? Das ist oftmals gar nicht leicht, weil die Kunden es selbst nicht wissen und definieren können. Dann ist es aber meine Aufgabe als Verkäufer, es mit ihnen gemeinsam herauszufinden. Wenn ich es verstanden habe und mich gleichzeitig in meinem Gebiet sehr gut auskenne, dann kann ich mit ihm gemeinsam, wie ein Freund, die Lage beurteilen und effizient eine Lösung finden.

Bezogen auf das Selbstmarketing ist es ebenso wichtig, transparent zu machen, was ich biete. Wenn ich das nicht kann, dann weiß die Menschheit nichts über mich. Ich habe etwas anzubieten und sorge für die Voraussetzung, dass Menschen auf meine Produkte Lust bekommen. **Wenn ich nichts preisgebe, können wir keinen gemeinsamen Nenner finden**. Diese Angst ist kulturell bedingt – immer schön bescheiden, nicht übertreiben, das ist die schöne deutsche Kultur. In dem Moment, wo ich erkenne, dass Kultur, Erziehung und Umfeld eine prägende Rolle spielen, kann ich mich davon freimachen. Die hohe Kunst ist es, ein Gespräch zu einem verbindlichen, gemeinsamen Abschluss zu bringen. Es ist nicht selbstverständlich, dass mein Gesprächspartner alle relevanten Informationen behält und von sich aus die nächsten Schritte unternimmt. Die Welt da draußen hat viel Ablenkung und bietet viele andere Möglichkeiten. Da ist es wichtig, am Ende des Gesprächs Verbindlichkeit zu schaffen, die nächsten Schritte konkret zu definieren. Denn dein Angebot hat echten Mehrwert für dein Gegenüber, also sollte er es nicht verpassen. Und du willst sicherstellen, dass du mit deiner Expertise Mehrwert schaffst. Das lässt sich vom Verkauf übertragen auf Netzwerken und die Jobsuche.

Du hast eingangs das Thema Authentizität angesprochen, wie passt das in den vertrieblichen Prozess?

Bei einem authentischen Vertrieb bin ich ehrlich, ich bin glaubwürdig. Ich habe das Ansinnen, eine langfristige Beziehung mit meinem Kunden aufzubauen. Zunächst ist es wichtig, dass ich meine Persönlichkeit wahrnehme; dass ich weiß, wer ich bin, was meine Stärken sind und wie ich funktioniere. Wenn ich das noch nicht weiß, ist ausprobieren eine Möglichkeit, es ist jedoch wichtig, in jedem Fall den eigenen Charakter zu berücksichtigen. Nicht unreflektiert das zu übernehmen, was einem beigebracht wurde. Das Vorgehen muss stets zur eigenen Persönlichkeit passen, damit es authentisch vermittelt werden kann. Ein weiterer Schritt ist, zu prüfen, welchen Vorteil mein Gegenüber durch meine Herangehensweise, mein Produkt oder meinen Service hat. Oftmals hat das etwas mit Ehrlichkeit zu tun. Und wenn du deine Persönlichkeit mitnimmst mit all den Ecken und Kanten, schaffst du Transparenz und eine Vertrauensbasis für beiderseitigen Nutzen. Wir sollten mehr Mut haben, so zu sein, wie wir sind und uns nicht verstellen. **Die Zeit ist reif dafür, heute suchen Menschen nach Menschen mit Ecken und Kanten**. Hört auf eure Seele, auf euer Herz!

Herzlichen Dank für das Gespräch!

Danksagung

Wir bedanken uns von Herzen bei allen Interviewpartnern, die dieses Buch mit ihren authentischen, aufrichtigen und hilfreichen Lebensgeschichten ermöglicht haben. Die unserer Botschaft ein Gesicht verleihen, damit die Welt farbenfroher wird.

Wir sind davon überzeugt, dass Diversity die Zukunft ist. Das bedeutet auch, Männer in die Zukunft des Female Empowerment zu integrieren und gemeinsam an Lösungen zu arbeiten. Abschottung in reine Frauenkreise halten wir nicht für förderlich, denn Menschen und damit die Gesellschaft sind vielfältig. Daher haben wir uns dazu entschlossen, einen Mann um das Schlusswort zu bitten. Wir sind sicher, dass wir einen perfekten Vertreter hierfür gefunden haben. Er ist technologieinteressiert, Unternehmer und fördert zudem den Zugang von Frauen zur IT.

Mit Ausdauer zum Erfolg: ein Schlusswort von Sebastian Häde, Co-Founder / VP Engineering @ Mapify

Sebastian Häde, Co-Founder / VP Engineering, Mapify

Über mich: Mein Name ist Sebastian Häde. Nachdem ich während meiner Schulzeit mit meinem Bruder und Freunden eine Medienagentur gegründet habe, bin ich nach Berlin gezogen, um dort zu studieren. Nach meinem ersten Studienjahr erlitt ich einen schweren Unfall, der es erstmal verhinderte, dass ich weiter studieren konnte. Ich fing in dieser Zeit an, mich noch tiefgehender mit dem Programmieren und der Technologie dahinter auseinander zu setzen. Ein halbes Jahr später brach ich mein Studium ab und gründete mit meinem Bruder und drei weiteren Freunden die Online-Reiseplattform ‚Mapify'. Ich glaube, dass man alles schaffen kann, wenn man mit Geduld, Ausdauer und vor allem Leidenschaft an seinen Projekten, Ideen und Visionen arbeitet.

Kontakt:
LinkedIn: https://bit.ly/3eAZseH
Instagram: https://bit.ly/3dm4SKt

Lieber Sebastian, vielen Dank, dass du uns eine männliche Perspektive zum Thema Women in Tech aufzeigst. Du bist Gründer von Mapify, was macht ihr und was verbindet dich mit Technologie?

Ich bin Co-Founder und VP Engineering der Firma Mapify. Wir sind eine Online-Reiseplattform, deren Ziel es ist, das Reisebüro zu digitalisieren. Dabei erstellen unsere Community-Mitglieder den Content und laden diesen auf unsere Plattform hoch. Sobald wir eine Anfrage für eine Reise erhalten, analysiert unser System den bestehenden Reisecontent und die Erfahrungen der Community, so dass wir eine maßgeschneiderte Reise nach den individuellen Bedürfnissen kreieren, anbieten und organisieren können. Gegründet haben mein Bruder, drei Freunde und ich. Der erste Launch der Webseite war im November 2017 und bis heute haben wir drei Investitionsrunden absolviert. Mapify ist nicht unser erstes Unternehmen: Während der Schulzeit haben wir einen Online-Marktplatz für Schüler entwickelt, später gründeten wir eine Medienagentur. Aus den bisherigen Aktivitäten konnten wir unternehmerisches Know-how, auch zu rechtlichen und finanziellen Fragen, und technische Erfahrung sammeln. Unser größtes Learning seit dem Launch war sicherlich, wie wertvoll das Produktmanagement ist, um effizient, zielorientiert und userzentriert zu arbeiten.

Berlin ist eine junge und kreative Stadt, die Unternehmertum fördert. Auch wenn wir beobachten, dass München bedingt durch die Aktivitäten der TU und deren Investoren gegenwärtig einen Aufschwung erlebt. Bei Mapify legen wir sehr viel Wert auf unsere Kultur, wir organisieren gerne Teamevents und haben inzwischen ein gutes Händchen bei der Auswahl neuer Mitarbeiter. Aktuell haben wir etwa 20 reisebegeisterte Mitarbeiter mit unterschiedlichem Background. Wir haben das große Glück, dass Berlin uns den Zugang zu einem sehr großen Startup-Netzwerk, aber auch zu talentierten Mitarbeitern gibt, so dass wir üblicherweise von Bewerbern kontaktiert werden. Wir legen großen Wert auf Neugier und Lernbereitschaft an Stelle der klassischen Auswahlkriterien. Dabei stellen wir fest, dass Frauen im IT-Markt stark umkämpft sind und aus mehreren Angeboten wählen können. **Eine junge Frau mit technischem Know-how hat 100-prozentige Jobsicherheit**.

Wir sprachen mit unseren Interviewpartnern häufig über das Thema Netzwerken. Gemeinhin ist es nicht die größte Stärke von Frauen, sich zu zeigen, sich zu vernetzen und in Austausch zu treten. Was ist deine Erfahrung?

Wir sind fremdfinanziert und haben durch unsere Investoren Zugang zu spannenden Netzwerken bekommen. Persönlich tausche ich mich gerne mit technischen Mitarbeitern anderer Unternehmen zu fachlichen Fragen aus. Gewiss bezieht sich das Netzwerk auf den fachlichen Hintergrund, das heißt mein Bruder ist eher im Investoren-Umfeld unterwegs, ich suche eher den praktischen Austausch zu Kollegen aus dem Produkt- und Technik-Umfeld. Das Einholen anderer Meinungen ist auch sehr hilfreich bei Entscheidungen mit größerer Tragweite, die ich als Unternehmer treffe. Ich bin 22 Jahre alt und oft bin ich bei Netzwerkveranstaltungen der Jüngste am Tisch. Das ist für mich sehr spannend, weil ich dazulernen, Input aufnehmen und mich austauschen möchte.

Es ist dabei nicht notwendig, das Gegenüber persönlich zu kennen. Technologie ist digital und es spricht vieles für den Austausch in Netzwerken und Foren – selbst, wenn ich dann nur einen Usernamen kenne. Ich erlebe eine hohe Bereitschaft der Nutzer, Wissen zu teilen und zu helfen. Unter der Voraussetzung, dass ich selbst ebenfalls meinen Teil – entsprechend meiner Erfahrungen und meinem Wissensstand – zur Community beitrage. **Ich ermuntere dazu, mutig zu sein und interessante Menschen anzusprechen** – schlimmstenfalls ernte ich ein Nein. LinkedIn ist dabei als Plattform im Business ebenso interessant wie Stack Overflow als Frage-Antwort-Plattform für Programmiersprachen. Am Anfang macht man beim Programmieren Fehler, Programmieren lebt auch von Erfahrung. Daher macht es viel Sinn, sich in den Communities zu engagieren. All diese Schritte erfordern einen gewissen Grad an Mut und Selbstbewusstsein.

Warum befassen sich nach wie vor kaum Frauen mit Technologie?

In der Tat, das habe ich bereits während meines Informatikstudiums festgestellt, von 900 Kommilitonen waren 12 weiblich. Ich vermute nicht, dass es an Interesse mangelt. **Möglicherweise schrecken die Klischees rund um verschlossene Nerds ab**. Wobei diese in Teilen leider zutreffen, aus eigener Erfahrung schließt man schneller Kontakt mit BWL-Studenten. Das wirkt abschreckend. Auch außerhalb der Universität fällt es Frauen in meiner Beobachtung schwer, im Thema Fuß zu fassen. Aus Angst davor, als einzige Frau im IT-Kurs oder der Veranstaltung eine scheinbar dumme Frage zu stellen und belächelt zu werden. Es ist möglich, das temporär zu umgehen, indem man beispielsweise Plattformen und Online-Kurse nutzt, um programmieren zu lernen. Was aber, wenn unklar ist, welche Programmiersprache für welchen Zweck die richtige ist? Insbesondere zu Beginn ist es schwer, abzuschätzen, welches Ziel mit HTML, Java oder Python verfolgt werden kann. **Gerade für Einsteiger ist es schwer, einen Überblick der Möglichkeiten zu bekommen**.

Aus diesem Grund hast du ein Programmier-Seminar gehalten, was war dein Ziel?

In den letzten drei Jahren habe ich mich mit dem Thema Frauen im IT-Bereich auseinandergesetzt und die Hypothese aufgestellt, dass vor allem passende Einstiegs-Seminare fehlen, die einen Kompass geben. Diese Orientierung habe ich im Kurs gegeben, denn das tatsächliche Programmieren kannst du anschließend im Internet lernen. Ich habe die einzelnen Bereiche vorgestellt und die Basics für den Start erklärt, zum Beispiel wie Backend und Frontend in der App- und Web-Programmierung aufgebaut sind und miteinander kommunizieren. Praxisbeispiele waren mir dabei sehr wichtig, durch das Smartphone haben wir einen sehr einfachen Zugang zu Apps. Natürlich benötigst du Ausdauer, doch die

Erfolgserlebnisse stellen sich recht schnell ein. Von den Frauen habe ich sehr positives Feedback bekommen. Das zeigt, dass es nicht am Interesse mangelt, sondern die Wirtschaft einen besseren Zugang zu Informationen geben muss. Die richtige Ansprache und die Begegnung auf Augenhöhe sind hier ausschlaggebend. Künftig möchte ich gerne eine Serie daraus entwickeln und tiefer in die Materie einsteigen.

Welche Tipps gibst du Frauen, die im IT-Bereich noch am Anfang stehen?

Für den Start empfehle ich, das Programmieren mit einer konkreten praktischen Anwendung im Hinterkopf zu lernen. Und sich dabei zum Start kein außergewöhnlich schweres Projekt auszusuchen. **Mit ein wenig Durchhaltevermögen stellen sich schnell die ersten Erfolge ein. Das motiviert, weiterzumachen. Es ist auf diesem Weg nicht hilfreich, permanent alles zu hinterfragen**. Das Themengebiet ist derart breit, dass keiner alles wissen kann. Nicht jede Technologie, die wir einsetzen, müssen wir in der Tiefe verstehen. Hinterfragen und Erfolgserlebnisse sollten also Hand in Hand gehen.

Es gibt spannende Communities, zum Beispiel auf Instagram, in denen sich Frauen zu technischen Belangen austauschen. Da sollte man sich insbesondere am Anfang engagieren, um durch die Gemeinschaft motiviert zu bleiben und zu lernen. Technische Expertise baut sich über Jahre auf und ich habe bis dato nur positive Erfahrungen damit, Interesse zu zeigen und nachzufragen. In aller Regel freuen sich die Gesprächspartner und geben bereitwillig Auskunft. **Mit einer Portion Offenheit findest du schnell Anschluss in diesen Netzwerken**. Und wenn du erst Blut geleckt hast, fällt es wirklich schwer, aufzuhören. Und falls es schwerfällt, allein zu starten, dann empfehle ich, sich mit Freundinnen oder Kolleginnen zusammenzutun. Dann macht es umso mehr Spaß, du kannst den eigenen Fortschritt teilen und um das Wissen der anderen ergänzen. Neue Leute lernt man so auch schnell kennen und das Netzwerk wächst. Manchmal muss man sich schlicht trauen, den ersten Schritt zu machen.

Wir bedanken uns für den Support und den Motivationsschub!

Lasst uns in Kontakt bleiben!

Wenn euch das Buch inspiriert, motiviert oder schlicht gefallen hat, freuen wir uns sehr über eine Bewertung und/oder eine Referenz per E-Mail! Damit noch mehr Frauen von den ehrlichen und authentischen Geschichten erfahren und so die eigene Karriere boosten. Herzlichen Dank!

– – – – – – – – – – – – –

Sabrina von Nessen, Vorstand @ afb Application Services

Kontakt:
Linksammlung mit Interviews, Podcasts, allen sozialen Medien etc.:
https://linktr.ee/sabrinavonnessen
LinkedIn: https://bit.ly/2ZSN1a0
Instagram: https://bit.ly/3023Wqu

Ich bin ein leidenschaftlicher Leader mit 20 Jahren Erfahrung in der Finanz- und IT-Branche. Meine Begeisterung für Technologie habe ich in 15 Jahren als Führungskraft, Speaker und Mentor in gleicher Weise entdeckt und kultiviert wie die tiefgründige Leidenschaft für Emotional Leadership. Denn High Performance und damit Erfolg beginnen im Kopf des Einzelnen, dessen Emotionen und Glaubenssätzen. Mein größtes Learning als Head of Product Management, IT oder Marketing bis zum C-Level: **It all starts with „why". Wenn Menschen erlernte Grenzen sprengen, entsteht Großartiges**. Diese Überzeugung und eine große Neugier verhelfen mir zum Erfolg beim Aufbau von Unternehmen, Teams, Strukturen und Prozessen. Zum Thema emotionale Führung halte ich Vorträge, um die Führungsetagen in Deutschland zum Andersdenken zu motivieren. Als Coach und Mentor stehe ich engagierten Menschen und Führungskräften zur Seite, um die Lebensbereiche in Einklang zu bringen.

Ich freue mich sehr über dein Feedback und stehe bei Fragen rund um Karriereplanung, Entwicklung der eigenen Stärken und emotionale Führung gerne zur Verfügung. Meine Social Media Accounts und Kontaktdaten findest du unter: https://linktr.ee/sabrinavonnessen.

Willst du die Reise, die du mit dem Buch begonnen hast, vertiefen und intensivieren? Dann trage dich in meinen Newsletter ein, um Einblicke

in meine Gedankenwelt und Inspiration für deine Karriere zu erhalten. Oder vereinbare ein kostenloses Strategiegespräch, in dem ich dir gerne deine Fragen beantworte und wir gemeinsam deine Vision für eine erfolgreiche Karriere und den passenden Lifestyle definieren. Wir decken die Glaubenssätze auf, die dich bis dato davon abhalten und geben deiner Motivation einen Schub. Wir klären, ob und wie ich dich auf deiner Reise unterstützen kann. Melde dich an, ehe es in der Hektik des Alltags untergeht.

Ich freue mich auf unser Gespräch.

Sandrine de Vries, Senior Recruitment Consultant @ Austin Fraser

Kontakt:
E-Mail: sandrine.womenintech@gmail.com
LinkedIn: https://bit.ly/2zQQlHX

Seit 2017 vermittele ich freiberufliche SoftwareentwicklerInnen in München und organisiere Meet-Ups zu dem Thema ‚Women in Tech'. Es motiviert mich zu sehen, wie Unternehmen mithilfe vermittelter Freiberufler Projekte fertigstellen oder Entwickler die aktuellste Technologie bei neuen Auftraggebern erlernen können. Ich nenne es gerne eine Win-Win-Win-Situation.

Mit diesem Buch möchte ich auf das Defizit des Frauenanteils im IT-Bereich aufmerksam machen und junge Menschen ermutigen, sich mehr mit dem Zukunftsthema IT auseinanderzusetzen. Mittlerweile besteht unsere ganze Welt aus Code, aber nur ein Bruchteil kann diesen lesen und schreiben. Was wäre wohl möglich, wenn die Mehrheit der Menschen Code lesen und schreiben könnte? Wissen ist Macht. Wer sich nicht bildet, verpasst großartige Chancen und kann sich nicht weiterentwickeln.

Die Entscheidung, sich selbst zu verwirklichen, liegt bei jedem selbst. Man muss jedoch Mut haben, den ersten Schritt wagen und seine Komfortzone verlassen. Ich wünsche mir, dass gerade junge Frauen sich keine Limits setzen und trauen, Pfade zu gehen, die nicht vorgezeichnet sind. Hoffentlich trägt dieses Buch dazu bei, Mut zu machen und Zweifel zu beseitigen.

Auf dein Feedback, deine Fragen oder deine Ideen bin ich sehr neugierig! Sprich mich gerne zu den Themen Recruitment, Female Empowerment und soziales Engagement auf LinkedIn (linkedin.com/in/sandrine-devries/) oder per E-Mail (Sandrine.womenintech@gmail.com) an.

Ich freue mich darauf, von dir zu hören und mich mit dir auszutauschen!

Literaturverzeichnis

Quellen zu den verwendeten Grafiken und Zitaten sowie ergänzende, interessante Studien als Hintergrundinformation; Webseiten aufgerufen am 07.04.2020

Allbright Stiftung (2018): Die Macht der Monokultur: Erst wenigen Börsenunternehmen gelingt Vielfalt in der Führung. https://bit.ly/2wmDyva

Allbright Stiftung (2019): Entwicklungsland: Deutsche Konzerne entdecken erst jetzt Frauen für die Führung. https://bit.ly/2wmDyva

Allbright Stiftung (2019): Die Macht hinter den Kulissen: Warum Aufsichtsräte keine Frauen in die Vorstände bringen. https://bit.ly/2wmDyva

Allbright Stiftung (2019) Allbrights schwarze Liste. https://bit.ly/2wmDyva

Arndt, P., & Wrohlich, K. (2019): Geschlechterquoten im europäischen Vergleich: Harte Sanktionen bei Nichteinhaltung sind am wirkungsvollsten. DIW-Wochenbericht, 86(38), 691-698. https://bit.ly/2zOuyAN

Bitkom (2019): New Work: Wie arbeitet Deutschland? https://bit.ly/2Xm1BVO

Boston Cosulting Group & TUM Diversity Champions (2019): BCG Gender Diversity Index 2019. https://on.bcg.com/2Xj1s5w

Braunschweig, L.; Christoph, B.; Schreyer, F. (2019): Ingenieur- und Naturwissenschaften: In manchen MINT-Fächern dominieren Frauen. IAB-Forum 16. Dezember 2019, https://bit.ly/3cmokVV

Bundesagentur für Arbeit (2019): Blickpunkt Arbeitsmarkt IT-Fachleute. https://bit.ly/2AugYSW

Bundesagentur für Arbeit (2019: Blickpunkt Arbeitsmarkt MINT-Berufe. https://bit.ly/2Bejq0i

Bundesministerium für Familie, Senioren, Frauen und Jugend (2020): Sexismus im Alltag Wahrnehmungen und Haltungen der deutschen Bevölkerung. https://bit.ly/2ZUoRvF

Charta der Vielfalt e.V. (2019): Vielfalt zeigen. Leitfaden für Unterzeichner_innen der Charta der Vielfalt. https://bit.ly/2Asd1hI

Deloitte Österreich (2019): Frauen und Führung. https://bit.ly/2TYMteX

Deutscher Gewerkschaftsbund (2017). Was bedeutet Digitalisierung der Arbeitswelt für Frauen. Eine Beschäftigtenumfrage. https://bit.ly/3dnmzJz

Deutsches Institut für Wirtschaftsforschung e. V. (2020): Frauenanteile in Spitzengremien großer Unternehmen steigen – abgesehen von Aufsichtsräten im Finanzsektor. https://bit.ly/3ck3uX9

Deutsches Institut für Wirtschaftsforschung e. V. (2020): Wochenbericht 04/2020, 10/2020, 13/2020. https://bit.ly/2XMYfu6

Deutscher Juristinnenbund (2017): Aktionärinnen fordern Gleichberechtigung. https://bit.ly/36M2KJs

Deutscher Startup Monitor (2019: Female Founders Monitor. https://bit.ly/2yRJde5

Drescher, K., Häckl, S., & Schmieder, J. (2020): MINT-Berufe: Workshops mit Rollenvorbildern können Geschlechterstereotype abbauen. DIW Wochenbericht, 87(13), 251-260. https://bit.ly/2Xmxhdz

EIGE (2017): Gender Equality Index 2017. [online] https://bit.ly/2AvPs7W

ETH Zürich (2019): Frauen können keine Mathematik. https://bit.ly/3gIRylq

Equileap (2020): Gender Equality in Europe - Assessing 255 leading companies on workplace equality Special Report. https://bit.ly/2XkL7gu

Ernst Young (2019): Mixed Leadership-Barometer Januar 2019. https://bit.ly/2TVH9J6

FidAR – Frauen in die Aufsichtsräte e.V. (2019): Public Women-on-Board-Index. https://bit.ly/2TXQIaO

FidAR – Frauen in die Aufsichtsräte e.V. (2019): Studie zum Women-on-Board-Index 185. https://bit.ly/2TYNZ0v

Gemeinsame Wissenschaftskonferenz (2019): Chancengleichheit in Wissenschaft und Forschung. https://bit.ly/3gDfI0J

Hans-Böckler-Stiftung (2020): Gleichstellung in Deutschland kommt nur langsam voran. https://bit.ly/2XSmEOZ

Holst, E./Wrohlich, K. (2019): Managerinnen-Barometer 2019. DIW Wochenbericht, 3. [online] https://bit.ly/3eJGBON

Initiative D21 und das Kompetenzzentrum Technik-Diversity-Chancengleichheit e. V. (2019): Digital Gender Gap - Lagebild zu Gender(un)gleichheiten in der digitalisierten Welt. https://bit.ly/2AuAL4I

Institut der deutschen Wirtschaft Köln (2019): MINT-Herbstreport 2019. https://bit.ly/2MhwWTp

Institut der deutschen Wirtschaft Köln (2019): MINT-Frühjahrsreport 2019. https://bit.ly/2BmdRNz

Institut für Demoskopie Allensbach (2019): Generation Mitte 2019. https://bit.ly/2BgH24p

Institut für Innovation und Technik (2019): Rahmen- und Arbeitsbedingungen für Frauen in der Internetwirtschaft. https://bit.ly/2XNwgue

Kfw Bankengruppe (2019). KfW-Gründungsmonitor 2019 - Gründungstätigkeit in Deutschland stabilisiert sich: Zwischenhalt oder Ende der Talfahrt? https://bit.ly/2BmcTRq

KfW Research (2020): Chefinnen im Mittelstand: Anteil der Frauen in Führung steigt nur leicht. https://bit.ly/2Bmd7rK

Kohaut, S., & Möller, I. (2019): Frauen in leitenden Positionen: Leider nichts Neues auf den Führungsetagen. Kurzbericht, 23, 2019. https://bit.ly/3dnCzLE

Dr. Kriesche-Küderli, R. (2019): Patriarchat der Wirtschaft. https://bit.ly/2XM3HgN

PWC (2019) Women in Tech Report. Potenziale nutzen – Vielfalt stärken. https://pwc.to/2XSu4By

Russell Reynolds Associates (2019): Auszüge aus der DAX 30-Aufsichtsratsstudie 2019. https://bit.ly/2ySopDh

Schrenker, A., & Zucco, A. (2020): Gender Pay Gap steigt ab dem Alter von 30 Jahren stark an. DIW Wochenbericht, 87(10), 137-145. https://bit.ly/3co7qX8

Seyda, S., & Flake, R. (2019): Chancengleichheit und Digitalisierung: Frauen und Männer in der digitalen Arbeitswelt (No. 4/2019). KOFA-Studie. https://bit.ly/3dmT4aL

Turban, S., Freeman, L., & Waber, B. (2017): A Study Used Sensors to Show That Men and Women Are Treated Differently at Work. Harvard Business Review. https://bit.ly/3csWFD2
Vodafone Institut für Gesellschaft und Kommunikation (2016): Neue Welt und alte Rollen? https://bit.ly/3csWAze

Copyright, Haftung und Datenschutz

Copyright © 2020 Autoren:

Sabrina von Nessen, Koenigsbrunnerstr. 24, 86507 Oberottmarshausen, sabrina@von-nessen.com, +49 171 6958960, https://linktr.ee/sabrinavonnessen

Sandrine de Vries, Sandrine de Vries, Johanneskirchner Str. 105, 81927 München, Sandrine.womenintech@gmail.com, https://www.linkedin.com/in/sandrine-devries/

Bildrechte & Lizenzen: Cover: @ majcot/depositphotos.com; Vorwort Tijen Onaran: Urban Zintel, Vorwort Sabrina von Nessen: Christina Pörsch, Kapitel 1 (Andrea Martin): Shilpa Marathe; Kapitel 3 (Madeleine Kühne): Sarah Vogel; Kapitel 5 (Maja Hadžiselimović): Marijana Bicvic; Kapitel 7 (Anna Rossi): Business Kollektiv bzw. Christian Wiendl; Kapitel 8 (Yella Cremer): Samuel Cremer; Kapitel 10 (Melanie Stütz): Bild am Sonntag/Christian Spreitz bzw. www.weltflug.tv; Kapitel 12 (Margarethe Honisch): Alexander Dorn; Kapitel 21 (Maren Assmus): Eva Fredrichs bzw. Chiara Doveri/Maya Albona; Kapitel 23 (Dr. Rosa Kriesche-Küderli): Serviceplan; Grafiken: Siehe jeweilige Grafik und zugehörige Quelle im Literaturverzeichnis.

Dieses Werk ist urheberrechtlich geschützt. Jegliche Haftung ist ausgeschlossen, alle Rechte bleiben vorbehalten. Alle Rechte, auch die der Übersetzung, des Nachdrucks und der Vervielfältigung des Werkes oder Teilen daraus, sind vorbehalten. Kein Teil des Werkes darf ohne schriftliche Genehmigung in irgendeiner Form reproduziert oder unter Verwendung elektronischer Systeme verarbeitet, vervielfältigt oder verbreitet werden. Die Wiedergabe von Gebrauchsnamen, Handelsnamen, Warenbezeichnungen usw. in diesem Werk berechtigt auch ohne besondere Kennzeichnung nicht zu der Annahme, dass solche Namen im Sinne der Warenzeichen- und Markenschutz-Gesetzgebung als frei zu betrachten wären und daher von jedermann benutzt werden dürfen. Obwohl alle Versuche unternommen wurden, die in dieser Veröffentlichung enthaltenen Informationen zu überprüfen, übernehmen die Autoren keine Verantwortung für Fehler, Auslassungen oder gegenteilige Interpretationen. Dieses Buch dient nur zu Informationszwecken. Die Autoren geben keine Garantien für Ergebnisse jeglicher Art, führen keine psychologische Beratung durch und übernehmen keine Haftung. Der Leser ist vollständig für seine eigenen Handlungen verantwortlich. Trotz sorgfältigem Lektorat können sich Fehler einschleichen, die Autoren sind deshalb dankbar für diesbezügliche Hinweise.

Dieses Buch enthält Links zu beziehungsweise Hinweise auf Seiten im Internet. Diese Links wurden zum Zeitpunkt der Erstellung des Buches sorgfältig recherchiert und zusammengestellt. Die Autoren haben keinen Einfluss auf Gestaltung und Inhalte der verlinkten Seiten. Sie sind nicht für den Inhalt der verlinkten Seiten verantwortlich und machen sich deren Inhalte nicht zu eigen. Ausschließlich der Anbieter der verlinkten Seiten haftet für deren Inhalte.